philosophical questions
scientific answers

철학적 질문
과학적 대답

1판 1쇄 펴냄 | 2012년 7월 27일
1판 10쇄 펴냄 | 2023년 7월 20일

지은이 | 김희준
발행인 | 김병준
발행처 | 생각의힘

등록 | 2011. 10. 27. 제406-2011-000127호
주소 | 서울시 마포구 독막로6길 11, 우대빌딩 2, 3층
전화 | 02-6925-4183(편집), 02-6925-4188(영업)
팩스 | 02-6925-4182
전자우편 | tpbook1@tpbook.co.kr
홈페이지 | www.tpbook.co.kr

ISBN 978-89-969195-0-6 03400

철학적 질문 ? 과학적 대답

우리는 어디에서 왔는가?

우리는 누구인가?

우리는 어디로 가는가?

philosophical questions scientific answers

| 김희준 지음 |

생각의힘

머리말

———————— 인간이 자기가 속한 시대에서 문화인으로 살아가는 데 필요한 최소한의 소양을 교양이라고 한다면 교양의 내용은 시대의 제약을 벗어날 수 없을 것이다. 르네상스 이전에는 아리스토텔레스의 전통에 따라 지구 중심설에 입각한 우주관을 가르치고 배웠을 것이고, 약 400년 전 갈릴레이 시대에 근대과학이 시작된 후에는 태양 중심설에 입각한 우주관을 가르치고 배웠을 것이다. 그러다가 현대에 이르러 우주에서 인간의 위치에 대한 본격적인 탐구가 시작되었다.

특히 지난 100년 사이에 이루어진 현대 과학의 업적은 우주 자체의 기원을 밝혀내기에 이르렀다. 그러면서 빅뱅 우주에서의 입자의 진화, 생명에 필수적인 탄소, 산소 등을 만드는 별의 진화, 성간 물질로부터 생명의 화합물들이 만들어지는 화학적 진화, 그리고 초기 단세포 생명체로부터 호모 사피엔스에 이르는 생물학적 진화가 일목요연하게 한 눈에 들어오게 되었다. 인간은 137억 년 우주 역사에서 드디어 우주의 진화를 합리적으로 이해하는 존재가 된 것이다.

우주의 진화에는 수많은 우연적인 요소는 있지만 비합리적인 요소는 없다. 나는 역사는 '우연에 의해 매개된 필연the inevitable mediated by chance events'이라고 한 영국의 역사학자 카Edward Carr의 말을 빌어서 우주 진화의 배후에 숨어 있는 필연적 요소들을 발굴하여 소개하고자 했다. 그리고 문학, 예술, 철학, 경제, 역사 등 다양한 분야의 에피소드들을 가미하여 과학의 맛을 부드럽게 전달하고자 했다. 여기에는 서울대에서 15년 동안 비이공계 학생들을 대상으로 강의한 '자연과학의 세계'라는 교양 과학 과목의 강의 경험이, 그리고 적극적으로 강의에 참여해 준 학생들의 도움이 큰 힘이 되었다.

이제 정년퇴임을 한 학기 남겨 두고 15년 강의 경험의 정수를 '우리는 어디에서 왔는가, 우리는 누구인가, 우리는 어디로 가는가?'라는 다분히 철학적인 질문에 대한 과학적 대답으로 정리해 보았다. 거창한 주제를 다루다 보니 다소 어려운 내용이 들어가는 것을 피할 수 없었다. 쉬운 이야기만 해서는 우주의 비밀을 제대로 전달할 수 없기 때문이다. 그래서 그 동안 수많은 비이공계 대학생들과 중·고

등 학생, 그리고 일반인을 대상으로 강연하면서 축적한 노하우를 최대한 동원해서 이해를 돕고자 했다. 설명이 부족한 부분은 인터넷을 통해 스스로 공부하는 것도 좋은 훈련이 될 것이다. 특히 적절한 키워드를 가지고 인터넷에서 이미지 검색을 하면서 책을 읽어나가면 우주의 신비를 배로 경험할 수 있을 것이다.

마지막으로 책의 출간을 위해 격려를 보내 준 가족들과 기꺼이 추천사를 써 주신 분들, 그리고 수고한 출판사 여러분께 감사의 뜻을 전한다. 무엇보다 이 책과 함께 출범하는 '생각의힘'의 건승을 빈다.

2012년 여름

관악에서

김희준

차례

I. 우리는 어디에서 왔는가?

II. 우리는 누구인가?

III. 우리는 어디로 가는가?

고갱의 질문

─────────   인간이 가지는 가장 근원적인 질문 가운데 하나는 '우리는 어디에서 왔는가?' 이다. 이 질문은 철학적 질문인 동시에 종교적 질문이다. 그리고 이 질문은 '우리는 누구인가?', '우리는 어디로 가는가?' 라는 질문과 연결되어 있다. 왜냐하면 '우리는 어디에서 왔는가?' 에 따라서 우리의 정체가 규정되고, '우리는 어디로 가는가?' 도 '우리는 어디에서 왔는가?' 와 무관할 수 없기 때문이다.

이 그림은 고흐Vincent van Gogh와 함께 대표적인 후기인상파 화가로 알려진 고갱Paul Gauguin의 작품이다. 흥미롭게도 고갱은 자신이 말년에 그린 이 작품에 '우리는 어디에서 왔는가, 우리는 누구인가, 우리는 어디로 가는가' 라는 제목을 붙였다.(고갱의 제목에는 의문 부호가 없다.). 프랑스에서의 파란만장한 삶을 뒤로 하고 1891년에 남태평양의 타히티 섬에 이주한 고갱이 1897년에 그린 이 그림은 현재 미국 보스턴 미술관에 보관되어 있다. 나도 보스턴 지역에 살 때 이 그림을 본 적이 있는데, 폭 3.7미터, 높이 1.4미터에 달하는 대작으로, 그 크기와 위엄에 압도당해 감탄을 했던 기억이 있다. 고갱은 이 그림을 자신의 최대 걸작으로 여겼다고 한다.

이 그림의 오른쪽 아래에는 세 여인과 함께 어린 아기가 보인다. '우리는 어디에서 왔는가?'에 해당하는 부분이다. 중간의 남자는 손을 뻗어서 과일을 따고 있다. 우리 주위의 사물과 관계를 지으며 살아가는 오늘날 우리의 모습은 '우리는 누구인가?'를 대변하는 듯하다. 왼쪽 끝, 어린 아기와 대칭되는 위치에는 죽음을 앞두고 있는 듯한 모습의 늙은 여인이 앉아 있다. '우리는 어디로 가는가?'에 해당하는 부분이다.

이 그림에서 오른쪽 아기 옆에 앉아 있는 젊은 두 여인은 아기를 향해 오른쪽을 바라보고 있고, 왼쪽의 늙은 여인 옆에 앉아 있는 젊은 여인은 늙은 여인을 향해 왼쪽을 바라보고 있다. 이 그림은 이러한 삼각 구도를 통해 인간의 과거, 현재, 미래를 시각화하고 있다. 사람이 죽기 전에 무언가 기억될 만한 것 한 가지를 남기는 것이 의미가 있다면 고갱은 이 작품 하나를 남기고 죽었다고 해도 과언이 아닐 것이다.

고갱이 자신의 최대 걸작에 이처럼 다분히 철학적 제목을 붙인 것은 두고 온 조국 프랑스나, 손만 뻗으면 먹을거리가 널린 남태평양의 섬이나 기본적인 삶의 모습은 다를 게 없다. 그리고 인간이라면 누구나 이러한 근원적인 질문을 피할 수 없다는 점을 말하고 싶었기 때문이 아닐까 생각된다.

'우리는 어디에서 왔는가?' 식의 문제에 대해 철학은 아직 답을 찾고 있고, 여러 종교도 나름대로 답을 내놓고 있다. 그런데 놀랍게도 객관적인 관찰과 합리성, 그리고 반증 가능성을 기반으로 삼아온 과학이 최근에 이 문제에 대해 확실한 답을 내놓았다. 한마디로 우리는 137억 년 전 빅뱅 우주에서 왔다는 것이다. 이뿐만 아니라 현대 과학은 빅뱅에서 출발한 우주가, 적어도 지구상에서 볼 때 생명으로 넘치는 오늘날의 우주로 진화한 과정을 매우 설득력 있게 밝혀냈다. 그래서 현대 과학은 '우리는 누구인가?' 라는 질문에 대해서도 우리는 우주 진화의 산물이라는 관점에서 상당히 분명하고 상세한 답을 갖고 있다. 그리고 태양의 미래에 따라 지구가, 그리고 지구상 생명이 처할 운명을 알고 있으므로 '우리는 어디로 가는가?' 에 대해서도 답을 가지고 있다고 할 수 있다. 게다가 최근 10여 년 사이에 이루어진 우주 가속 팽창의 발견을 통해 빅뱅으로 시작된 우주가 어디로 가는가에 대해서도 예상을 벗어나는 답을 찾아냈다.

흥미롭게도 '우리는 어디에서 왔는가?' 에 대한 과학의 대답은 2천

년 전에 종교가, 그리고 동양 철학이 제시한 대답과 놀라울 정도로 통하는 면이 있다. 과학은 철학적 질문에 답을 제공하는 동시에 철학과 종교의 대답을 확인해 주는 역할도 하는 것이다.

그럼 이제부터 '우리는 어디에서 왔는가, 우리는 누구인가, 우리는 어디로 가는가?' 라는 고갱의 질문에 대해 현대 과학은 어떤 대답을 가지고 있는지 알아보자.

I

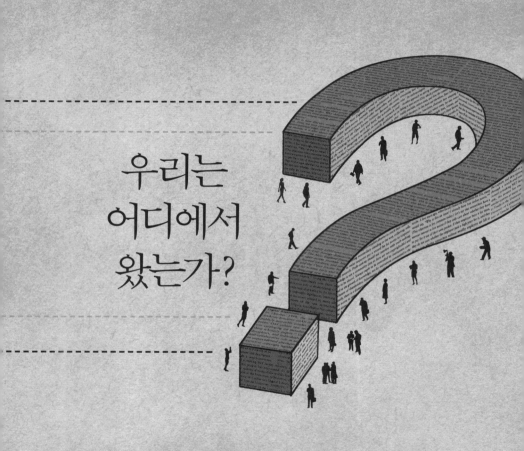

우리는
어디에서
왔는가?

Where do we come from?

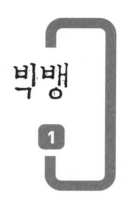

빅뱅

1

노자의
태일생수

━━━━━━━ 요즘은 큰 수를 말할 때 '억' 자를 많이 쓴다. 연봉
도 '억' 자가 들어가면 상당히 큰 액수이고, 웬만한 아파트 값도 억
대에 달하는 큰 값이다. 억 앞에 십, 백, 천이 붙으면 훨씬 큰 수가
된다. 세계 인구는 약 70억이고, 우주의 나이는 약 137억 년이다. 은
하에는 대략 천억 개의 별이 있고, 우주에는 이러한 은하가 천억 개
정도도 있다.

그런데 옛날 사람들에게는 '만'도 큰 수였던 것 같다. 만물, 만일,
만세, 만국, 만백성, 파란만장, 삼라만상 등에 모두 '만' 자가 등장하

고, 모든 물체 사이에 작용하는 힘인 만유인력에도 '만' 자가 나온다.

예로부터 만물 중에서 가장 중요한 것을 하나만 꼽으라면 동서를 막론하고 물을 꼽았다. 노자老子는 『도덕경』에서 '태일생수太一生水' 라고 했는데, 이것은 태초의 우주에서 물이 생기고 그로부터 만물이 생겼다는 우주론으로 해석할 수 있다. 또 고대 그리스의 철학자 탈레스Thales는 물을 만물의 기본이 되는 유일한 원소라고 보았다. 모세가 쓴 것으로 알려진 『구약 성경』의 「창세기」에는 첫날 빛이 생기기 전, 즉 천지 창조가 시작되기 전에 '하나님의 영은 물 위에 움직이고 계셨다.1장 2절 라고 기록되어 있다. 하나님의 영이 만물에 우선하듯이, 물도 만물에 우선한다고 본 것이다.

한편 우주는 영어로 '유니버스universe' 로, 여기에서 'uni-' 는 '하나' 를 뜻하는 어두이다. 따라서 우주, 즉 유니버스도 하나라는 의미를 내포하고 있다고 할 수 있다. 다시 말해 우주, 즉 유니버스는 우주에 속한 모든 것을 포함하고 있기 때문에 하나일 수밖에 없는 것이다.

노자는 태일생수라고 했는데, 태일생수에서 '태太' 는 '크다.' 는 뜻이다. 그렇다면 '태일太一' 은 '큰 우주' 라고 할 수 있으며, 노자가 물이 생겼다고 말한 '태일' 은 '태초의 우주' 라는 뜻으로도 해석할 수 있을 것이다. 만일 물외에 다른 것이 먼저 만들어지고 나중에 물이 만들어졌다면 구태여 태일생수를 말할 필요가 없지 않겠는가! 그러고 보면 노자의 생각에는 태초의 우주도 지금의 우주만큼 큰 우주였던 것 같다. 우주가 한 점에서 출발했다는 빅뱅 우주론이 나오기 전에는 노자뿐만 아니라 누구나 그렇게 생각할 수밖에 없었을 것이다.

노자, 탈레스, 그리고 모세가 강조한 대로 물이 중요한 것은 우리 자신을 보아도 잘 알 수 있다. 우리 몸에서 가장 많은 물질은 체중의 3분의 2 정도를 차지하는 물이다. 따라서 '우리는 어디에서 왔는가?'라는 철학적 질문을 과학적 질문으로 바꾸면 '우리 몸의 물은 어디에서 왔는가?'가 될 것이다.

우리는 자신의 기원을 찾을 때 부모, 조부모 식으로 거슬러 올라간다. 그러나 족보라는 것도 수백 년 이상을 거슬러 올라가기는 어렵다. 나는 연안延安 김 씨다. 어릴 때 족보를 본 적이 있는데, 가장 위의 조상은 고려 때 당시 수도였던 개경의 부윤, 즉 오늘날의 서울 시장을 지낸 분이셨다. 그래 보았자 기껏 천 년 정도이다.

한민족의 조상이 압록강, 두만강을 건넌 것은 대략 만 년 전이다. 한민족의 조상을 계속해서 거슬러 올라가면 가장 위의 조상은 아프리카 출신이다. 아주 오래된 인류 조상의 뼈는 예외 없이 에티오피아, 남아프리카 공화국 등 아프리카에서 발굴되기 때문이다. 요즘은 DNA 분석을 통해서 호모 사피엔스가 약 6만 년 전에 아프리카를 떠나 유럽과 아시아로, 그리고 얼어붙은 베링 해를 건너 북아메리카를 거쳐 남아메리카로 퍼져 나간 것으로 확인되고 있다. 한편 인류의 조상이 불을 사용하기 시작한 것은 약 70만 년 전이며, 아프리카 밀림에서 인간과 유전적으로 거의 99% 동일한 침팬지와 갈라진 것은 약 700만 년 전으로 추정된다. 공룡이 멸종하면서 포유동물이 번성하기 시작한 것은 약 6,500만 년 전이고, 동물이 최초로 바다에서 육상으로 진출한 것은 대략 4억 년 전이다. 이렇게 인간, 즉 호모 사피엔스의 근원을 추적하다 보면 결국 지구상에 생명이 처음 탄생한 것은 언제인가라는 문제와 만나게 된다.

그런데 지구상에 생명이 탄생하려면 지구가 먼저 만들어져야 한다. 현재 지구의 나이는 약 46억 년으로 알려져 있는데, 이 수치는 수많은 과학자들이 방사성 동위원소를 통해 운석과 월석의 나이를 조사해서 얻은 믿을 만한 값이다. 46억 년 전에 태양계의 일부로 지구가 태어난 후 최초의 생명체가 등장하는 데까지는 거의 10억 년 가까운 시간이 걸린 것으로 짐작된다. 초기 지구는 끊임없는 운석 충돌 때문에 표면이 화산 폭발 때 볼 수 있는 마그마로 덮여 있어서 생명이 태어나고 살 수 있는 환경이 아니었다. 운석 충돌이 뜸해지면서 지구 표면이 식고, 태초의 바다가 생기고 나서야 생명체가 태어날 수 있게 된 것이다.

지금까지 발견된 가장 오래된 생명체 화석의 나이는 35억 년 정도로, 오늘날의 남세균과 비슷한 모습을 하고 있다. 이와 같은 초기의 생명체는 단단한 조직이 발달하지 않아 화석을 남기기 어려웠을 것으로 보이며, 어딘가에 35억 년보다 더 오래된 생명체의 화석이 있을 수도 있기 때문에 실제 생명체의 탄생은 35억 년 전 이상으로 거슬러 올라갈 것이다. 그래서 일부 과학자들은 지구상 생명체의 탄생을 39억 년 전으로 추정하기도 한다. 그렇다면 이 두 값의 중간을 취해서 생명의 역사를 37억 년으로 보아도 될 것이다.

그러고 보면 46억 년 지구의 역사는 크게 생명이 존재하지 않았던 처음 9억 년과 생명이 존재한 이후의 37억 년으로 나눌 수 있다. 더 크게 보면 137억 년 우주의 역사는 생명이 존재하지 않았던 처음 100억 년과 지구상에 생명이 존재한 이후의 37억 년으로 나눌 수 있다. 물론 우주의 다른 곳에 생명체가 있는지는 알 수 없다.

잠시 창밖으로 눈을 돌려 온갖 동식물로, 그리고 눈에 보이지 않는 미생물로 넘쳐나는 지구를 바라보자. 그리고 37억 년을 거슬러 올라가서 생명체가 전혀 존재하지 않았던 지구를 상상해 보자. 그리고 또 우리가 아는 한 생명체가 존재하지 않았던 100억 년의 우주 역사를 상상해 보자.

그렇다면 지구상에 생명이 태어나기 위해 필요한 것은 무엇일까? 우선 생명이 태어나기 위해서는 물이 필요하다. 오늘날 지구상 생명체의 구성 물질 중 가장 많은 부분을 차지하는 것이 물이다. 종에 따라 차이는 있지만, 생명체는 60~90%가 물로 이루어져 있다. 노자가 태일생수를 말했던 것도 이 때문이다. 생명이 태어나기 전의 지구에도 물이 존재했다. 그리고 지구의 물은 태양계의 재료로 사용되었던 별과 별 사이의 우주 공간을 이루는 물질의 하나이다. 따라서 '우리는 어디에서 왔는가?' 라는 질문에 대해 잠정적으로 '우리는 우주 공간에서 왔다.' 고 대답할 수 있을 것이다. 이 대답이 잠정적인 이유는, 우주 공간의 물은 어디에서 왔는가에 대해 답을 해야 하기 때문이다.

라부아지에의
태일생수소

———————— 약 2400년 전 탈레스가 살았던 시대부터 약 240년 전까지 많은 사람들은 물을 더 이상 나눌 수 없는 기본 물질, 즉 원소라고 생각했다. 그러다가 1770년을 전후해서 영국의 캐번디시 Henry Cavendish에 의해 수소가, 프리스틀리Joseph Priestley 등에 의해 산소가 발견되면서 물이 수소와 산소의 화합물이라는 것이 밝혀졌다. 이후 프랑스의 라부아지에Antoine Lavoisier는 물hydro-을 만드는-gen 원소라는 의미에서 수소를 'hydrogen' 이라고 명명했다.

따라서 이제 '우리는 어디에서 왔는가?' 라는 질문은 '우리 몸의 물은 어디에서 왔는가?' 라는 질문을 거쳐 '우리 몸의 물을 이루는 수소와 산소는 어디에서 왔는가?' 라는 질문으로 바꿀 수 있을 것이다.

그런데 수소는 약 100종류의 화학 원소 중에서 가장 가볍고 간단한 기본 원소인데 비해 산소는 수소가 여러 개 뭉쳐서, 즉 융합해서 만들어진 무거운 원소이다. 이를 통해 산소는 수소보다 나중에 만들어졌다는 것을 알 수 있다. 따라서 '우리 몸의 수소와 산소는 어디에서 왔는가?'라는 질문은 '우리 몸의 수소는 어디에서 왔는가?'라는 질문으로 단순화시킬 수 있다. 이 질문에 대해 현대 과학은 수소는 빅뱅 우주에서 137억 년의 우주 나이 중 처음 1초 정도의 짧은 시간 이내에 만들어졌다고 대답한다. 우리 몸에서 개수로 가장 많은 원소가 수소인 것을 생각하면 우리 한 사람 한 사람의 나이는 모두 137억 년이라고 할 수도 있을 것이다. 그리고 노자가 말한 태일생수도 실은 태일생수소太一生水素인 것이다.

그렇다면 태초에 수소는 어떻게 만들어졌을까? 137억 년 전에 우주의 나이가 1초였을 때 우주의 온도는 약 100억 K절대온도였다. 우주의 온도가 이처럼 높은 것은 우주 전체의 에너지가 매우 작은 공간에 밀집되어 있었기 때문이다. 당시 우주 공간이 매우 작았다는 것은 137억 년 전에 우주가 하나의 점에서 출발해서 대폭발, 즉 빅뱅을 통해 팽창하고 있었다는 것을 뜻한다. 빅뱅 이후 초기에는 우주의 팽창이 매우 빨랐다. 물가가 치솟고 화폐 가치가 떨어지는 것을 인플레이션이라고 하듯이 초기 우주의 급팽창도 인플레이션이라고 한다. 인플레이션이 끝나면 비교적 완만한 팽창이 계속되는데,

그래도 우주의 나이가 1초였을 때 우주의 크기는 현재 우주에 비해 극히 작았다.

빅뱅 후 1초 정도 되었을 때 우주의 크기는 현재 태양계 크기의 천 배 정도였을 것으로 추정된다. 현재 태양계의 지름은 광속으로 10시간 정도의 거리이므로, 빅뱅 후 1초 정도의 우주의 크기는 광속으로 만 시간 동안 가는 거리이다. 그런데 만 시간을 24시간으로 나누면 약 400일이므로 만 시간은 약 1년에 해당하고, 광속으로 만 시간의 거리는 약 1광년이 된다. 나이가 1초인 태초의 우주는 현재 지구에서 태양 다음으로 가까운 별인 알파 센타우리까지의 거리인 4.3 광년도 채 되지 않는 것이다. 현재 우주에 천억 개 정도의 별이 들어 있는 은하가 천억 개 정도 있는 것을 생각하면 나이가 1초인 태초의 우주는 극히 작은 우주였던 것이다. 그런데 그 작은 우주에 현재 우주의 모든 물질과 에너지가 몰려 있었으므로 에너지 밀도는 상상을 초월할 정도로 높았을 것이다. 이처럼 에너지 밀도, 즉 온도가 매우 높은 상황에서 수소가 만들어졌다.

러더퍼드의
태일생양성자

———————— 우리 주위의 물질세계를 다룰 때 수소라고 하면 대개 수소 원자^{H}나 수소 원자가 두 개 결합한 수소 분자^{H_2}를 뜻한다. 수소 원자는 중심에 자리 잡은 한 개의 양성자와 양성자 주위를 돌고 있는 한 개의 전자로 이루어졌다. 그런데 온도가 아주 높은 빅뱅 우주에서는 전자의 운동 에너지가 매우 커서 전자가 양성자에 붙어 있지 못하고 따로 운동한다. 따라서 빅뱅 우주에서 수소라고 할 때는 아직 전자가 결합하지 않은 양성자를 말한다. 따라서 태일생수소는 태일생양성자太一生陽性子라고 할 수 있다.

양성자는 전기적으로 양전하를 가져서 양의 성질을 나타내는 입자라는 뜻으로, 영어로는 '프로톤proton'이라고 한다. '프로pro-' 또는 그와 관련된 어두로 시작되는 단어에는 protein, primary, prima donna 등이 있다. 단백질을 뜻하는 'protein'은 19세기 중반에 스웨덴의 베르셀리우스Jöns Jakob Berzelius가 붙인 이름이다. 당시는 DNA가 발견되기 전으로 단백질이 가장 중요한 생체 화합물로 인식되었던 모양이다. 일차적이라는 뜻의 'primary'는 흥미롭게도 'protein'의 일차 구조primary structure, 즉 아미노산의 서열을 말할 때도 사용된다. 여자를 뜻하는 'donna'에 'prima'가 붙으면 오페라의 주역 여가수라는 의미를 나타낸다.

어쨌든 이러한 양성자가 양성자로 이루어진 인간에 의해 발견된 것은 빅뱅 우주에서 양성자가 만들어진 지 137억 년이 지난 1919년에 러더퍼드Ernest Rutherford에 의해서이다. 이미 하나의 원소가 다른 원소로 변환될 수 있다는 사실을 발견해서 1908년에 노벨 화학상을 수상한 러더퍼드는 1911년에 α입자 산란 실험을 통해 금과 같은 원자의 중심에는 양전하를 띤 원자핵이 자리 잡고 있다는 것을 발견했다. 나중에 헬륨 원자핵으로 밝혀진, +2의 전하를 가진 알파 입자를 얇은 금박지에 쏘았더니 대부분은 금박지를 통과했지만 만 번에 한 번 정도는 알파 입자가 +79의 전하를 가진 금의 원자핵에 정면으로 충돌하면서 양전하 사이의 반발에 의해 튕겨져 나온 것이다. 러더퍼드가 날아가는 작은 핵을 사용해서 모든 원자에 들어 있는 핵을 발견했다고 볼 수도 있고, 핵이 핵을 통해 스스로를 드러냈다고 볼 수도 있다.

당시 러더퍼드는 원자핵의 양전하가 양전하를 가진 어떤 기본 입자에서 온 것인지는 알지 못했다. 8년 후인 1919년에 비로소 러더퍼드는 원자핵을 이루는 단위 입자인 양성자를 발견했다. 양성자가 수소의 원자핵인 것을 생각하면, 수소가 단단하게 뭉치면 금도 만들 수 있다는 것을 알아낸 것이다.

러더퍼드가 이 입자를 기본적이고 중요하다는 뜻에서 프로톤pro-ton이라고 명명한 것은 매우 적절했다고 할 수 있다. 왜냐하면 우주에 존재하는 약 100가지 원소의 개성을 결정하는 것은 기본적으로 원자핵에 들어 있는 양성자 수이기 때문이다. 그래서 핵의 양성자 수를 원자 번호라고 한다. 수소는 원자 번호가 1인 원조 원소인 것이다. 금은 79번 원소이다.

한편 전자는 핵의 변방에 위치하기 때문에 그 수가 핵의 양성자 수와 같을 수도 있고 다를 수도 있다. 양성자의 전하를 +1로 했을 때 전자의 전하는 −1이다. 따라서 전자 수가 양성자 수와 같으면 전체적으로 전하가 0인 중성 원자가 된다. 전자가 양성자보다 많으면 음이온이, 적으면 양이온이 된다. 원자에서 전자의 위치는 양성자에 비하면 이차적이다.

우리 몸을 이루는 수소와 산소, 그리고 탄소, 질소, 인 등이 모두 양성자로 이루어졌다면 '우리는 어디에서 왔는가?' 라는 질문은 '양성자는 어디에서 왔는가?' 라는 질문이 되고, 양성자가 빅뱅 우주에서 만들어졌다면 결국 우리는 빅뱅에서 온 것이 된다.

빅뱅

————— 노자는 태일생수라고 했고, 『구약 성경』의 「창세기」에는 태초에 하나님이 천지를 창조했다고 되어 있는데, 양쪽 모두 '하나', '태초' 라는 개념이 포함되어 있다. 따라서 20세기 과학이

빅뱅을 발견했다면 과학이 동양 철학이나 종교와 접점을 찾은 것이 된다. 그러나 과학의 발견은 철학이나 종교적 관점과는 중요한 차이가 있다. 과학은 사고에 의존하는 철학이나 계시를 받아들이는 종교와는 달리 관찰과 관찰된 사실을 설명하는 이론에 근거해서 빅뱅을 발견했기 때문이다.

과학에서 말하는 빅뱅 우주론은 우주가 137억 년 전에 한 점으로부터 대폭발로 출발해서 계속 팽창하면서 현재에 이르렀다는 우주론이다. 몇 년 전 강의를 하던 중에 어느 학생이 빅뱅은 빵하고 터졌다는 뜻이므로, 'big bang'을 우리말로 하면 '빅빵'이라고 해서 모두 웃었던 기억이 난다.

한편 과학에서 의문의 여지없이 받아들여지는 법칙 중에는 에너지 보존 법칙이 있다. 우주 전체의 에너지는 늘지도 줄지도 않고 일정하다는 것이다. 그렇다면 우주가 시작되는 순간에는 우주 전체의 에너지가, 또는 $E=mc^2$에 따라서 에너지와 등가인 우주 전체의 모든 질량이 한 점에 모여 있었다는 이야기가 된다. 이것은 곧 초기 우주는 온도와 밀도가 엄청나게 높았다는 것을 의미한다. 따라서 만일 우주가 팽창하지 않고 이러한 상태를 계속 유지했다면 생명이 태어날 수도 없고, 우리 주위의 만물이 있을 수도 없었을 것이다. 그래서 빅뱅 우주론을 팽창 우주론이라고도 한다.

우주의 팽창은 인간의 사고력과 상상력을 훨씬 뛰어넘는 우주의 근원적 비밀에 속하는 영역이다. 그리고 지난 100년 사이에 인간이 이 가장 심오한 우주의 비밀을 알아냈다. 그런데 과학과는 달리 어느 철학이나 종교에서도 이러한 우주의 팽창에 관한 것을 찾아볼 수 없다. 그렇다면 이제부터 우리 자신의 기원으로서 빅뱅에 관해 이야기해야 할 중요한 내용은 과학이 어떻게 빅뱅을 알아냈는가 하는 것과 우주는 왜 팽창을 해야만 하는가라는 점이다.

빅뱅 우주론이 태어나서 오늘날 일반에게 널리 알려지기까지는 약 100년이 걸렸다. 뒤에서 자세히 알아보겠지만 천문학적 관측 면에서의 주춧돌은 1910년경에 하버드 천문대의 리비트Henrietta Leavitt와 로웰 천문대의 슬라이퍼Vesto Slipher가 놓았고, 1920년대 말에 허블Edwin Hubble이 이를 이어받아 우주의 팽창을 발견했다.

이론 면에서는 1916년에 발표된 아인슈타인Albert Einstein의 일반 상대성 이론이 출발점이고, 이를 바탕으로 해서 1920년대에 프리드만Alexander Friedmann과 르메트르Georges Lemaitre가 빅뱅의 이론적 근거를 마련했다. 그러므로 관측, 이론 양면에서 빅뱅 우주론은 약 100년 전에 시작된 것이다.

그 후 약 20년에 걸쳐서 빅뱅 우주론이 자리를 잡아가는 과정에서, 다른 한 쪽에서는 빅뱅 우주론의 대안으로 정상 우주론이 제안되었다. 여기에서 정상은 정상, 비정상이라고 할 때의 정상이 아니고 항상 일정하게 정해져 있다는, 즉 변화가 없다는 뜻이다.

당시 빅뱅 우주론의 대표 주자는 러시아 출신으로 미국에 망명해 조지 워싱턴 대학교의 물리학 교수를 지내던 가모브George Gamow였고, 정상 우주론의 대표 주자는 당시 최고 천문학자로 꼽히던 영국 케임브리지 대학교의 호일Fred Hoyle이었다. 그런데 1949년에 영국 BBC 방송의 어느 프로그램에서 호일이 '가모브는 우주가 빅뱅으로 시작되었다고 하는데……' 식으로 가모브를 공격하는 발언을 하면서 빅뱅이라는 단어가 사용되기 시작했다고 한다. 그 후 빅뱅이라는 단어는 말하기 쉽고 뜻이 쉽게 전달되어 점점 널리 쓰이게 되었다. 공교롭게도 빅뱅 우주론에 반하는 정상 우주론의 대표 주자인 호일이 빅뱅 우주론의 이름을 지어 준 꼴이 된 것이다.

몇 년 전에 어느 잡지사에서 상당한 액수의 상금을 걸고 빅뱅을 대체할 말을 공모했는데, 많은 대안이 제시되었지만 어느 하나도 빅뱅만한 것이 없었다고 한다. 우리나라의 아이돌 가수 그룹인 빅뱅도 호일에게 감사해야 할 일이다.

빅뱅 우주론이 과학계에서 확실히 자리 잡게 된 것은 1965년에 우주배경복사cosmic background radiation가 발견되고, 1978년에 펜지어스Arno Penzias와 윌슨Robert Wilson이 이 업적으로 노벨 물리학상을 받고 나서부터이다. 이후 우주배경복사는 보다 정밀하게 측정되어 우주론을 정밀과학의 수준으로 올려놓았다. 또한 빅뱅 우주에서 처음 1초 사이에, 그리고 3분 사이에 일어난 중요한 과정들을 입자 가속기를 사용해서 재현하고 확인하면서 천문학과 입자물리학이, 거시 세계와 미시 세계가 만나게 되었다.

물론 과학에서 절대적인 것은 없다. 옳다고 믿던 것에도 수정이 가해지고, 더 포괄적인 진리로 대체되기도 한다. 약 500년 전에 지구가 운동을 한다는 지동설이 자리 잡고 나서 약 400년 동안은 태양이 우주의 중심이라고 생각했다. 그러나 지금은 태양이 우리 은하의 중심에서 멀리 벗어난 외곽에 자리 잡고 있다는 것이 밝혀졌다. 뉴턴 역학도 아인슈타인의 상대성 이론에 포괄되었다. 그런 의미에서 빅뱅 우주론도 일부 보완이 될 수는 있겠지만 큰 틀이 바뀌지는 않을 것이다.

셔머Michael Shermer의 『과학의 변경 지대The Borderlands of Science: Where Sense Meets Nonsense』에는 과학의 여러 중요한 이론을 신빙성에 따라 매긴 점수가 제시되어 있다. 확고한 진실이라고 믿는 것을 1점 만점으로 해서 0.9점의 점수를 주는데, 0.9점을 받은 이론에는 태양 중심설, 다윈의 진화론, 양자역학, 판 구조론과 함께 빅뱅 우주론이 있다. 실험실에서 재현할 수도 없는 빅뱅에 관한 이론이 최고점을 받았다는 것은 빅뱅 우주론이 과학계에서 의심할 여지없이 받아들여지고 있다는 것을 말해 준다. 변경 지대 과학이라고 부른 것 중에는 최면0.5점, 침술0.3점 등이 있고, 프로이트Sigmund Freud의 정신 분석이나 UFO는 0.1점밖에 받지 못해 비과학으로 분류되었다.

노벨상은 어떤 발견이나 이론의 중요성과 신뢰도의 척도가 되는데, 빅뱅 우주론에 관련해서는 세 차례 노벨 물리학상이 주어졌다. 두 차례는 우주배경복사의 발견에 관한 것으로, 첫 번째는 1978년에 펜지어스와 윌슨이, 두 번째는 2006년에 매더John Mather와 스무트 George Smoot가 받았다. 세 번째는 2011년에 우주의 가속 팽창을 발견한 공로로 펄머터Saul Perlmutter, 슈미트Brian Schmidt, 리스Adam Riess가 받았다. 빅뱅 우주에서 아주 초기에 태어난 기본 입자들의 연구를 포함하면 수상자는 훨씬 많다.

요즘은 강력한 적외선 망원경을 사용해서 가시광선 영역에서 관찰하기 어려운 초기 우주를 관찰하는 국제적 프로젝트가 추진되고 있는데, 이러한 연구를 통해 빅뱅 우주론은 더욱 확고해질 것이다.

이제부터는 빅뱅 우주론이 자리 잡는 과정을 상세히 알아보자. 빅뱅 우주는 '우리는 어디에서 왔는가?'에 대한 답이기 때문이다.

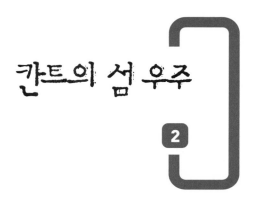

칸트의 섬 우주

칸트의
묘비명

———————　사람들은 대부분 오랫동안 간직하며 두고두고 영
향을 받는 문구를 한두 개씩 가지고 있다. 만약 나에게 두 가지만 꼽
으라면 '주는 것이 받는 것보다 복이 있다.' 라는 성경 구절과 독일의
철학자 칸트Immanuel Kant의 묘비명인 '나에게 항상 새롭고 무한한 경
탄과 존경심을 일으키는 두 가지가 있다. 그것은 하늘에 반짝이는
별과 내 마음속의 도덕률이다.' 라는 문구이다.

'주는 것이 받는 것보다 복이 있다.' 라는 말은 예수가 한 말로 되
어 있지만 복음서에는 나오지 않고 「사도행전」에서 바울이 예수의

말을 인용한 형식으로 제시되어 있다. 칸트는 밤하늘에서 반짝이는 별과 마음속의 도덕률은 생각할수록 놀라움과 경건함을 준다고 했는데, 어릴 때 처음 이 문구를 접할 때부터 마음에 깊숙이 와 닿았다. 당시에 나도 밤하늘의 별을 한참씩 바라보며 신비감에 사로잡히고는 했었기 때문이다.

밤하늘의 별을 바라볼 때면 별들은 얼마나 멀리 있는지, 또 별들은 어떻게 떨어지지 않고 하늘에 떠 있을 수 있는지 궁금했다. 그리고 자세히 보면 별들의 색깔이 조금씩 달라 보이는 것도 신기했다. 내가 어릴 때 하늘의 별 못지않게 좋아했던 것은 외할아버지께서 기르시던 각종 꽃이었다. 특히 장미의 색과 향기가 좋았다. 나중에 장미의 색과 향기에 들어 있는 탄소, 산소, 질소 등의 원소가 별에서 왔다는 것을 알고 난 후부터는 별에 더욱 친근감을 느끼고 별을 사랑하게 되었다.

칸트도 별에 관심이 많았는데, 특히 성운이라는 천체에 관심을 가지고, 섬 우주라는 중요한 개념을 만들어 냈다. 바다에 섬들이 여기저기 흩어져 있듯이 우리가 속한 은하 같은 우주가 우주 공간에 여러 개 흩어져 있을 것이라는 것이다. 칸트의 섬 우주는 20세기에 들어와서 우주의 기원인 빅뱅의 발견으로 이어졌다.

메시에의
성운

──────────── 성운은 라틴 어로 구름을 뜻하는 'nebula'에서 따온 말로, 밤하늘에서 빛을 내기는 하지만 보통 별과 달리 구름같이 보이는 천체들을 통틀어서 부르는 말이다. 성운을 처음으로 체계적으로 조사한 사람은 프랑스의 천문학자 메시에Charles Messier이다. 그는 헬리 혜성과 같은 혜성에 관심이 많았는데, 일부 성운이 혜성을 발견하는 데 방해가 되자 해당 성운의 리스트를 만들기 시작했다.

1771년에 발표한 리스트에는 45개의 성운이 들어 있고, 이후 103개까지 추가했다. 메시에가 죽은 후 여러 사람들이 그의 자료를 정리해서 만든 최종 리스트에는 110개의 성운이 들어 있다. 인터넷에서 그 리스트를 찾아보면 성운의 종류를 알 수 있다.

M1은 나중에 게성운으로 알려진 성운이다. 게성운은 6,300광년 거리에 있는 초신성 폭발의 잔해로, 1054년의 중국의 기록에 나타나 있다. 초신성은 일생을 마치고 대폭발을 하는 무거운 별인데, 초신성을 몰랐던 메시에가 목록에 올린 첫 번째 성운이 초신성 폭발의 잔해인 것이다.

M2부터 M5까지는 모두 구상 성단이다. 성단은 문자 그대로 별의 집단이다. 매우 많은 별의 집단이 멀리 있으면 성운으로 보인다. 구상 성단은 수십 만 개의 별이 구형으로 몰려 있는 천체인데, 메시에

리스트의 110개 성운 중에서 약 30개가 구상 성단으로 상당히 많은 편이다. 사냥꾼자리의 M54는 지구에서 가장 먼 구상 성단의 하나로, 8만 3천 광년 거리에 있다. 우리 은하의 지름이 대략 10만 광년이므로 구상 성단의 거리를 측정하는 것이 우리 은하의 크기를 측정하는 데 중요한 역할을 했을 것이라고 짐작할 수 있다.

M6는 2,000광년 거리에 있는 산개 성단이다. 구상 성단과 달리 별들이 어느 정도 흩어진 상태로 몰려 있는 산개 성단도 모두 26개 들어 있다. 구상 성단과 산개 성단을 합하면 메시에 리스트의 전체 성운의 절반 정도가 된다. 성단의 경우에는 별들 사이가 대부분 비어 있다.

주위에 별들이 있기는 하지만 구름 자체가 빛을 내는 모습의 성운도 7개 있는데, 이것은 별이 태어나는 부위이다. 아직 별이 되지 못한 수소와 헬륨이 주위의 별들로부터 에너지를 받아 빛을 내는 것이다. 예를 들어 오리온자리의 M42는 1,600광년 거리에 있는데, 이런 것은 성단에 비해 크기가 작기 때문에 메시에 시대에는 많이 발견되지 않았지만, 요즘은 허블 우주 망원경 덕분에 여러 개가 발견되었다.

또 다른 특별한 성운에는 3개의 행성상 성운이 있다. 행성상 성운은 별이 팽창하면서 표면이 부푼 부위인데, 빛이 약하기 때문에 비교적 가까이에서만 발견된다. 예를 들어 M57은 2,300광년 거리에 있다.

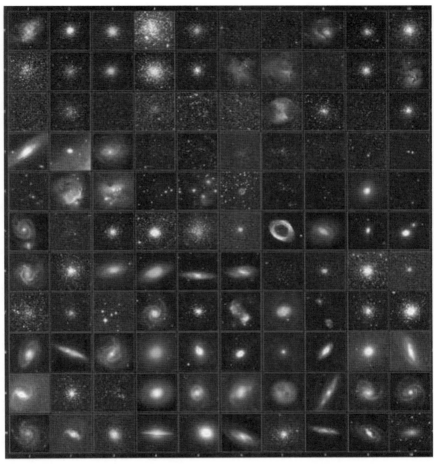

▪ 메시에 리스트 첫 번째 행에는 M1부터 M10까지, 다음 행에는 M11부터 M20까지 식으로 나열되어 있다.

메시에 리스트에서 가장 많은 38개를 차지하는 성운은 은하이다. 물론 메시에는 이것이 은하라는 것을 알지 못했다. 거리를 몰랐기 때문이다. 가장 중요하고 유명한 성운은 M31인 안드로메다 성운으로, 지금은 250만 광년 거리에 있는 우리 은하의 이웃 은하로 알려졌다. M51은 3,700만 광년 거리에 있는 유명한 소용돌이 은하이다. 나중에 알고 보니 메시에 리스트의 38개 은하 중에서 17개가 무려 6,000만 광년 거리에 있는 은하였다. 우주에는 칸트가 이야기한 섬 우주가 상당히 많은 것이다.

푸른 하늘
은하수

———————— 메시에 리스트에 들어 있지 않은 은하 중에는 보통 우리 은하라고 불리는 은하수가 있다. 다른 멀리 있는 은하는 성운으로 보이지만 은하수는 우리 자신이 이 은하에 들어 있기 때문에 하늘을 가로지르는 띠로 보인다. 은하수는 은빛으로 빛나는 강과 같이 보여 붙여진 이름이다. 고대 그리스의 철학자 데모크리토스Democritos는 은하수가 멀리 있는 별들의 집단일 것이라고 추측했다고 전해진다. 데모크리토스는 더 가를 수 없는 물질의 단위 입자로서의 원자를 처음 생각한 것으로도 알려져 있는데, 은하의 규모에서 보면 하나하나

■ 은하수 오른쪽 중간 정도에 작은 구름 같이 보이는 것은 마젤란 성운이다.

의 별이 은하의 단위인 원자에 해당한다고 볼 수도 있을 것이다.

은하수가 수많은 별의 집단이라고 처음 알려진 것은 1610년에 갈릴레이Galileo Galilei가 망원경으로 은하수를 조사하면서이다. 그 후 1785년에 영국의 천문학자 허셜William Herschel이 은하수 전체의 구조를 대략적으로 그렸는데, 허셜은 태양계가 은하수의 중심에 있는 것으로 생각했다. 1543년에 코페르니쿠스Nicolaus Copernicus는 지구가 태양계의 중심이 아니라는 지동설을 발표했는데, 지동설에서는 여전히 태양이 우주의 중심이었다. 허셜의 우주에서도 태양이 우주의 중심인 것이다.

20세기에 들어와서 멀리 있는 별의 거리를 잴 수 있게 되면서 은하수의 크기와 구조를 제대로 파악할 수 있게 되었다. 은하수는 가운데가 약간 불룩하지만 전체적으로는 납작한 원반 모양이다. 지름은 10만 광년 정도이고, 두께는 대략 2,000광년이다. 은하수 지름이 10센티미터인 디스크라고 가정하면 두께는 약 2밀리미터인 것이다. 그리고 지구는 은하수의 중심에서 바깥쪽으로 5분의 3 정도 벗어난 외곽에 위치하고 있다. 지구는 태양계의 중심이 아니고, 태양계는 은하수의 중심도 아닌 것이다.

은하수에는 3천 억 개 정도의 별이 있다고 한다. 은하수에 별들이 골고루 분포되어 있다고 가정하면 별과 별 사이의 평균 거리를 계산할 수 있다. 가운데가 볼록한 것을 고려해서 한 변의 길이가 10만 광년인 정사각형의 면적에 두께를 곱한 것을 은하수의 부피라고 생각해 보자. 은하수의 부피를 은하수에 있는 별의 개수로 나누면 하나의 별에 주어지는 정육면체의 부피를 얻을 수 있고, 이 부피의 세제곱근을 구하면 정육면체 한 변의 길이, 즉 별 사이의 거리를 구할 수 있다.

은하수의 부피 = $(10^5$광년$)(10^5$광년$)(2 \times 10^3$광년$) = 2 \times 10^{13}$광년^3

하나의 별이 차지하는 부피 = $(2 \times 10^{13}$광년$^3)/(3 \times 10^{11}) \fallingdotseq 60$광년^3

별 사이의 거리 = $(60$광년$^3)^{\frac{1}{3}} \fallingdotseq 4$광년

우리나라 사람들은 은하에 친숙하다. 어릴 때부터 '푸른 하늘 은하수'라는 동요를 부르며 자랐기 때문이다. 최근에 윤극영이 작곡한 이 동요의 초창기 악보가 발견되었는데 제목이 '푸른 하늘 은하물'로 되어 있다고 한다. 서양의 동요에는 'twinkle, twinkle little star'처럼 별은 많이 나오지만 우리처럼 은하가 나오는 동요가 있다는 것은 들어 보지 못했다. 더구나 요즘은 우리나라 제품으로써 전 세계적으로 큰 인기를 끌고 있는 휴대용 컴퓨터와 스마트폰에 은하수를 뜻하는 갤럭시라는 단어가 상표명으로 사용되어 더욱 친숙하다.

은하수에 수많은 별들이 있는 것이 알려지면서 별들의 거리와 은하수의 크기가 더욱 궁금해졌다. 은하수의 크기가 우주의 크기라고 생각했기 때문이다. 별이 얼마나 멀리 있는가라는 문제에 대한 답을 찾기 위해서는 우선 모든 별이 같지 않다는 것부터 깨달아야 했다. 맨눈으로 볼 수 있는 밤하늘의 수천 개의 별 중에 수성, 금성, 화성, 목성, 토성은 스스로 빛을 내는 별이 아니라 햇빛을 반사해서 밝게 보이는 태양계 내의 행성이다. 이에 비해 태양처럼 스스로 빛을 내

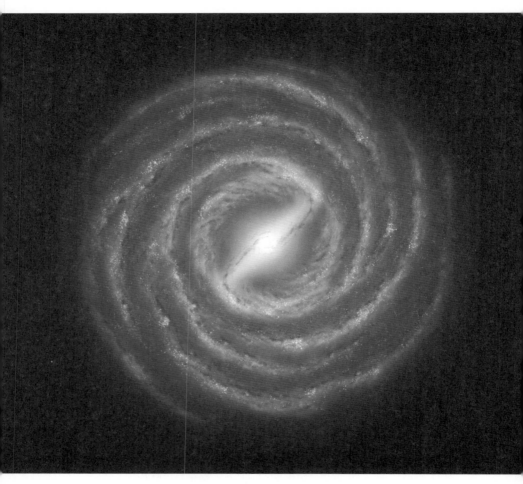

■ 우리 은하의 모식도. 중심에 별이 밀집한 막대 부분이 있고, 여러 개의 나선팔이 있다. 태양은 하나의 나선팔에서 약간 바깥
  쪽에 위치하고 있다.

는 별은 항성이라고 한다. 오랜 기간에 걸쳐 별을 관찰하면 항성들은 상대적으로 위치가 항상 일정한데, 행성은 이러한 항성을 배경으로 해서 위치를 바꾸어 가며 운행하는 것처럼 보인다.

나중에 지구에서 태양까지는 빛의 속도로 8분 정도, 토성까지는 1시간 정도 거리라는 것도 알게 되었다. 그리고 태양계에서 가장 가까운 별이 약 4광년, 즉 광속으로 4년 걸리는 거리에 있다는 것도 파악했다. 이제는 인터넷에서 100억 광년 거리의 천체를 볼 수 있으니, 이러한 격세지감이 또 있을까?

인간은 우주의 크기에 관심을 기울이다가 뜻밖에도 우주의 기원, 그리고 우리 자신의 기원인 빅뱅을 발견하게 되었다. 그렇다면 일단 우주의 크기를 어떻게 알 수 있는지부터 알아보자.

베셀의
연주 시차

———— 우주의 크기를 알려면 우선 천체의 거리를 재야 한다. 가까운 별의 거리는 연주 시차를 사용해서 잴 수 있다. 연주 시차는 지구가 일 년에 걸쳐 태양 주위를 돌 때 별이 보이는 시선 방향으로 차이가 생긴다는 뜻이다. 즉 태양을 중심으로 공전하는 지구에서 6개월 간격으로 가까운 별을 관찰하면 멀리 있는 별을 배경으로

해서 각도가 얻어지는데, 이 각도의 반을 연주 시차라고 한다. 지구와 태양 사이의 거리를 알면 연주 시차와 삼각 함수를 사용해서 별의 거리를 계산할 수 있다.

시차를 사용해서 천체의 거리를 측정한 것은 상당히 오래되었다. 그리스의 천문학자이며 지리학자인 히파르코스Hipparchos는 월식 현상을 통해 달까지의 거리를 측정했다. 월식이 시작할 때부터 끝날 때까지 각도가 생기는 것을 이용한 것이다. 태양계 내의 행성의 거리도 비슷한 방법으로 측정했다.

연주 시차를 사용해서 별의 거리를 처음으로 측정한 사람은 독일의 수학자이자 천문학자인 베셀Friedrich Bessel이다. 베셀은 1838년에 61 Cygni라는 별의 연주 시차를 측정하고 거리를 10.4광년으로 계산했는데, 이것은 지금 알려진 11.4광년에 매우 근사한 값이다. 그런데 멀리 있는 별은 각도 측정이 어렵기 때문에 대략 300광년 이상 떨어져 있는 별에 대해서는 연주 시차를 적용하기 어렵다. 약 400광년 거리의 북극성은 연주 시차로 거리를 잴 수 있는 거의 한계에 위치해 있다고 할 수 있다.

■ 북극성 4일의 주기로 미세하게 밝기가 변하는 세페이드 변광성이다. 북극성은 거리가 400광년에 불과하기 때문에 가장 밝게 보이는 변광성이다.

리비트의
변광성

———————— 연주 시차를 적용할 수 없는 먼 별의 거리는 어떻게 잴 수 있을까? 별이 얼마만큼 빛을 내는지, 즉 별의 절대 밝기를

알 수 있다면 우리에게 보이는 겉보기 밝기와 비교해서 거리를 계산할 수 있을 것이다. 그런데 문제는 대부분의 별에는 절대 밝기를 알려 주는 정보가 없다는 점이다.

예를 들어 1초에 한 번씩 깜박이는 별과 10초에 한 번씩 깜박이는 별이 있고, 10초짜리 별이 1초짜리 별보다 10배 많은 빛을 내는 것이 알려져 있다고 하자. 이때 4초에 한 번씩 깜박이는 별이 발견되었다면, 이 별은 1초에 한 번 깜박이는 별보다 4배 밝다고 추정할 수 있다. 그런데 이 별이 1초짜리 별과 비슷한 겉보기 밝기를 나타낸다면 이 별은 1초짜리 별보다 두 배 멀리 있다고 결론 내릴 수 있다. 별의 밝기는 거리의 제곱에 반비례하므로, 거리가 두 배가 되면 밝기는 4분의 1로 줄기 때문이다.

메시에 리스트에는 들어 있지 않지만 우리가 우주를 이해하는 데 주춧돌 역할을 했던 성운 중에는 41쪽에서 본 바 있는 마젤란 성운이 있다. 16세기 초에 세계 일주를 하던 마젤란Ferdinand Magellan은 북반구를 항해할 때 북극성을 길잡이로 삼았는데, 남반구를 항해할 때는 북극성이 보이지 않았다. 다행히 남반구에서만 보이는 특이한 구름 같은 천체가 있어 남반구를 항해할 때 길잡이로 삼았는데, 이후 이 천체는 마젤란의 이름을 따서 마젤란 성운으로 불리게 되었다. 마젤란 성운에는 대마젤란 성운과 소마젤란 성운이 있다. 그런데 알고 보니 두 개의 마젤란 성운 모두 우리로부터 약 20만 광년 거리에 있는, 우리 은하의 위성 은하이다.

한편 19세기 말에 하버드 천문대에 세계에서 가장 큰 망원경이 설치되면서 천문학의 중심이 유럽에서 미국으로 넘어가기 시작했다. 당시 하버드 천문대는 이 망원경으로 관찰할 수 있는 모든 별의 자료를 수집해서 목록을 만드는 거대 프로젝트를 진행하고 있었다.

이때 하버드 천문대에는 열 명 정도의 여성이 단순 계산원이라는 뜻의 컴퓨터라는 직종에 종사하고 있었다. 이들은 남성 천문학자들이 찍은 별 사진을 분석하기 위해 단순 계산을 하는 업무를 담당했다. 하버드 전신 여자 대학인 래드클리프 학부를 졸업하고 천문학에 대한 호기심이 가득했던 리비트도 컴퓨터로 일하고 있었는데, 리비트에게 주어진 과제는 마젤란 성운의 수많은 별들 중에서 세페이드 변광성cepheid variable이라는 별을 찾는 일이었다.

변광성은 문자 그대로 밝기가 변하는 별이다. 그런데 리비트가 마젤란 성운에서 찾은 세페이드 변광성은 밝기가 주기적으로 변하는 특별한 별이다. 변광성 중에는 식쌍성이라고 해서 두 개의 별이 상대방 주위를 도는 경우가 있는데, 식쌍성은 일식과 같이 한 별이 다른 별을 가리면 점점 어두워졌다가 벗어나면 다시 밝아진다. 이와 달리 세페우스 별자리에서 처음 발견된 세페이드 변광성은 하나의 별이 주기적으로 밝아졌다 어두워졌다를 반복한다. 여기에서 변광성의 주기란 별이 가장 밝을 때부터 어두워졌다가 다시 가장 밝아질

▪ 리비트(1868~1921)

▪ 소마젤란 성운

때까지 걸리는 시간을 말한다.

리비트는 10여 년 동안 마젤란 성운에서 1,777개의 변광성을 찾았다. 그리고 변광성의 주기가 길수록 더 밝다는 사실을 발견하고, 1908년에 이 결과를 발표했다. 리비트는 이 결과를 'the brighter variables have the longer periods.'라고 요약했다. 잔잔한 호수의 파도는 찰랑찰랑하면서 주기가 짧고 파고는 낮은데 비해, 지진해일은 한번 파도가 몰려왔다가 지나가면 어느 정도 시간이 지나서 다시 엄청나게 큰 파도가 오는 것과 마찬가지이다.

리비트가 측정한 밝기는 지구에서 본 겉보기 밝기이므로 리비트가 발견한 관계는 주기와 겉보기 밝기 사이의 비례 관계이다. 그러나 마젤란 성운에 들어 있는 변광성은 모두 지구로부터 거리가 같다고 볼 수 있기 때문에 겉보기 밝기가 높을수록 절대 밝기도 높다. 따라서 리비트의 발견은 주기가 길수록 절대 밝기도 높다는 것을 의미한다. 세페이드 변광성의 주기를 측정해서 절대 밝기를 추정하고 절대 밝기에 비해서 겉보기 밝기가 얼마나 낮은지를 측정하면 거리를 계산할 수 있게 되는 것이다. 그런 의미에서 리비트는 세페이드 변광성이 천체의 거리를 측정하는 데 표준 광원으로 사용될 수 있다는 것을 발견했다고 할 수 있다.

세페이드 변광성의 주기와 밝기 사이의 비례 관계는 리비트 법칙이라고 불리기도 한다. 우리 은하 내에서 거리가 다른 변광성들을

■ 천체 관측을 하고 있는 허블(1889~1953)

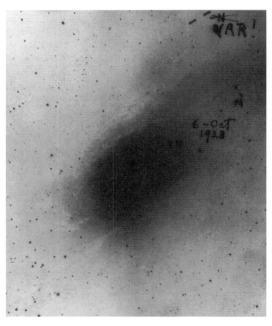

■ 허블이 안드로메다 성운에서 발견한 변광성
오른쪽 위의 두 개의 짧은 막대 사이에 있는 희미한 별이다.

조사했다면, 이러한 비례 관계가 나타나지 않았을 것이다. 결과적으로 마젤란 성운의 별을 조사한 것은 리비트의 행운이었다.

안드로메다
은하

———————— 20세기에 들어와서 미국 캘리포니아 주에 윌슨 산 천문대가 세워지고 세계에서 가장 큰, 반사경의 지름이 2.5미터인 후커 망원경이 설치되었다.

허블은 시카고 대학교를 졸업하고 영국의 옥스퍼드 대학교에서 법학을 공부했는데, 귀국 후 천문학에 대한 매력을 떨치지 못해 다시 시카고 대학교로 돌아가 천문학 박사 학위를 받았다. 이후 허블은 윌슨 산 천문대에서 일할 기회를 얻어 안드로메다 성운을 연구하는 데 집중했다.

앞에서 살펴본 대로 안드로메다 성운은 우리 은하인 은하수에서 가장 가까운 우리의 이웃 은하로, 메시에 리스트에는 M31로 나온다. 물론 메시에와 마찬가지로 허블도 처음에는 안드로메다 성운이 그렇게 멀리 떨어진 은하라는 것을 알지 못했다. 성운은 거리를 측정하기 전에는 우리 은하 내의 천체로 생각하기 쉽다. 실제로 게성운, 독수리 성운, 행성상 성운, 여러 개의 구상 성단, 산개 성단 등

많은 성운이 우리 은하 내에 있는 천체이다.

허블은 1923년 10월 4일에 안드로메다 성운에서 세페이드 변광성을 발견했다. 허블은 이 별이 새로 태어나는 별, 즉 신성이라고 생각하고 사진 건판에 'N' 이라고 표시했다가 이틀 후인 10월 6일에 변광성이라는 것을 깨닫고 'VAR!' 이라고 적어 넣었다.

변광성의 주기는 짧은 것은 하루, 긴 것은 50일 정도이다. 허블이 발견한 변광성은 주기가 31일로 상당히 긴 편이었는데 오래 노출해야 사진 건판에 잡힐 만큼 겉보기 밝기가 낮았다. 그런데 어떻게 허블은 불과 이틀 사이에 신성이라고 생각했던 별이 주기가 31일인 변광성이라는 것을 알아냈을까? 주기가 31일이라면 이틀 사이에는 밝기의 변화가 크지 않아서 변광성이라는 것을 알기 어려웠을 텐데 말이다. 허블은 자신이 발견한 변광성 위치에서 10월 4일 이전에 섀플리Harlow Shapley 등 다른 천문학자들이 찍어 놓은 사진을 자세히 조사해서 그 변광성의 밝기가 약간씩 변하는 것을 알아낸 것이다.

리비트의 발견에 따르면 주기가 이렇게 길다는 것은 빛을 상당히 많이 낸다는 의미이므로, 우리에게 어둡게 보인다면 이 변광성이, 그리고 이 변광성이 들어 있는 안드로메다 성운이 매우 먼 거리에 있다는 결론이 나온다. 허블이 주기와 겉보기 밝기로부터 계산한 안드로메다 성운까지의 거리는 약 100만 광년이었다.

이 발견 이전에는 많은 천문학자들이 우리 은하가 우주의 전부라고 생각했다. 우리 은하 내에 있는 아주 먼 별들의 거리를 계산한 결과, 생각했던 것보다 멀리 떨어져 있어 우리 은하의 크기가 엄청나게 크다고 알고 있었기 때문이다. 그래서 우리 은하 밖에 또 다른 천체가 있다는 것은 상상하기 어려웠던 것이다.

앞에서 언급한 대로 현재 알려진 우리 은하는 원반의 지름이 10만 광년 정도이다. 그리고 우리 은하로부터 안드로메다 성운까지의 거리는 허블이 처음 구한 100만 광년으로부터 보정을 거쳐 250만 광년으로 알려졌다. 허블은 안드로메다 성운이 우리 은하와 비슷한 또 하나의 은하인 것을 밝혀낸 것이다. 이 발견으로 우리는 우주의 크기가 갑자기 20배 이상 늘어난 결과를 얻게 되었다. 허블은 안드로메다 은하의 발견에 그치지 않고 몇 년에 걸쳐서 수십 개의 은하를 추가로 발견했다. 이에 따라 인간이 파악한 우주의 크기도 계속해서 늘어갔다.

흥미롭게도 성운이 우리 은하계 바깥, 즉 외계 은하일지도 모른다고 처음 생각한 사람은 천문학자가 아니라 앞에서 이야기한 밤하늘의 별을 마음속의 도덕률과 비교한 독일의 철학자 칸트였다. 칸트는 마치 바다에 섬이 여기저기에 있듯이 우주에도 우리 은하 같은 은하가 넓은 공간에 여러 개 흩어져 있을지 모른다고 생각하고, 섬 우주라는 말을 만들어 냈다. 그런데 허블이 안드로메다 은하를 비롯한 외부 은하를 발견함으로써 칸트의 섬 우주 이론을 확인한 것이다.

▪ 안드로메다 은하

세페이드 변광성을 이용하는 경우에는 하나하나의 별을 관측할 수 있는지 여부가 거리 측정의 한계가 된다. 지금은 허블 우주 망원경으로 1억 광년 정도 거리의 세페이드 변광성을 관찰할 수 있다고 한다. 1억 광년 거리에 있는 성운에서 세페이드 변광성을 찾고 주기와 겉보기 밝기를 측정하면 그 성운의 거리를 측정할 수 있다. 이와 같이 세페이드 변광성은 거리 측정의 범위를 연주 시차로 잴 수 있는 300광년 정도에서 1억 광년까지 수십만 배 확대시켜 주었다.

메시에가 천체 연구에서 기피해야 할 천체로 지목한 성운이 리비트와 허블에 의해서 우리가 우주의 크기를 파악하는 데 주춧돌이 된 것이다. 이어서 살펴보겠지만 성운은 우주의 크기뿐만 아니라 우주의 나이를 파악하는 데도 핵심 역할을 하게 된다.

콩트의 오류

3

원소의
지문

─────── 지금까지 우리는 별빛을 조사해서 우주의 크기를 파악해 나가는 과정을 살펴보았다. 그런데 우주의 나이도 별빛을 조사해서 파악할 수 있다. 별빛에는 수많은 정보가 들어 있는데 우주의 나이에 관해서는 어떤 정보가 들어 있을까?

1859년에 독일 하이델베르크 대학교의 물리학자 키르히호프 Gustav Kirchhoff와 화학자 분젠Robert Bunsen은 빛을 분석해서 빛의 성분 원소를 밝히는 분광학이라는 학문을 개척했다. 분광학은 영어로 '스펙트로스코피spectroscopy'로, '스펙트럼spectrum'과 같이 '분리하다.'

라는 뜻의 어원을 가지고 있다. 노랗게 보이는 햇빛도 프리즘을 통해 파장별로 분리하면 무지개 같은 스펙트럼이 얻어진다. 이미 17세기에 뉴턴Isaac Newton이 햇빛을 무지개 스펙트럼으로 분리하고, 다시 프리즘을 사용해서 무지개 스펙트럼을 모으면 태양의 백색광이 얻어지는 것을 보여 주었다. 무지개 스펙트럼에는 빨강부터 보라까지 모든 파장의 빛이 연속적으로 나타나는데, 이러한 스펙트럼을 연속 스펙트럼이라고 한다.

분젠은 분젠 버너의 발명과 불꽃 반응으로도 유명하다. 분젠은 분젠 버너를 사용해서 염화나트륨NaCl, 염화칼륨KCl, 황산바륨BaSO4 등 여러 가지 금속의 염을 가열해서 다른 색의 불꽃이 얻어지는 것을 관찰했다. 그리고 동료인 키르히호프와 함께 여러 색의 불꽃이 내는 빛을 프리즘으로 분리해서 특정한 위치에 밝은 선들이 나타나는 것을 관찰했다. 태양 빛이 내는 무지개 스펙트럼은 연속적인데 비해 특정한 원소가 내는 스펙트럼은 선 스펙트럼이었던 것이다. 이때 각각의 원소는 서로 다른 선들을 나타냈다. 따라서 각 원소의 선 스펙트럼은 그 원소의 지문이라고 할 수 있다.

나트륨은 두 개의 노랑 선으로 가장 간단한 선 스펙트럼을 나타낸다. 우리 눈에는 빨갛게 보이는 네온사인의 빛도 분리해 보면 빨강뿐만 아니라 노랑, 초록 부분에도 여러 개의 선들이 나타난다. 이러한 스펙트럼은 어두운 배경에서 어떤 원소가 방출하는 빛을 보는 것이기 때문에 방출 선 스펙트럼이라고 한다. 선 스펙트럼이 나타나는 이유는 'Ⅱ. 우리는 누구인가?'에서 중성 원자를 다룰 때 자세히 살펴보기로 하자.

분젠과 키르히호프 이전에도 선 스펙트럼을 관찰한 과학자들이 있었다. 1835년에 휘트스톤Charles Wheatstone은 몇 가지 금속이 불꽃을 일으킬 때 특정한 밝은 선을 내는 것을 관찰했고, 1855년에 미국의 알터David Alter는 기체의 스펙트럼을 분석해서 나중에 발머 계열이라고 알려진 수소의 선 스펙트럼을 발견했다. 또 1860년대에 영국의 허긴스William Huggins는 아내와 함께 별빛을 분석해서 별에도 지구와 같은 원소들이 있는 것을 알아냈다. 그 후 많은 천문학자들이 수많은 별들의 선 스펙트럼을 통해 별의 원소 조성과 표면 온도 등을 조사했다.

만일 별에서 직접 시료를 가져와서 분석해야 한다면 별의 원소 조성을 절대 알 수 없었을 것이다. 빛의 속도로도 최소한 몇 년 걸리는 별에서 시료를 가져오는 것은 불가능하기 때문이다. 그래서 1835년에 유명한 프랑스의 실증주의 철학자이자 사회학의 창시자로 알려진 콩트Auguste Comte는 우리가 별의 위치, 운동 등은 조사할 수 있지만 별들이 어떤 화학 원소로 이루어졌는지를 아는 것은 절대로 불가능하다고 말했다. 이 말은 시료가 없이는 내용을 실증할 수 없다는 의미로 빛이 얼마나 많은 내용을 가지고 있는지 몰랐으니 당시로서는 그렇게 생각할 수밖에 없었을 것이다. 콩트는 1857년에 죽었는데 그가 2년만 더 살았더라면 별의 원소 성분을 조사하는 획기적인 방법을 볼 수 있었을 텐데 아쉽다.

불확정성 원리

———————— 왜 뉴턴의 경우에는 연속 스펙트럼이 관찰되고, 분젠과 키르히호프의 경우에는 선 스펙트럼이 관찰되는지를 통해 자연의 가장 기본적인 원리의 하나인 불확정성 원리에 대해 알아보자. 앞으로 하나하나 살펴보겠지만 미시 세계에 적용되는 하이젠베르크Werner Heisenberg의 불확정성 원리는 우주 역사에서 물리적으로 다룰수 있는 가장 짧은 시간인 플랑크 시간, 초기 우주의 미세한 우주배경복사의 온도 차이, 원자 내에서 전자의 위치, 방사능 붕괴, 블랙홀이 완전히 블랙이 아닌 이유 등 많은 기본적인 현상과 관련되어 있다.

하이젠베르크의 불확정성 원리에 따르면 에너지의 불확정성 ΔE과 시간의 불확정성 Δt의 곱은 일정한 값, 즉 플랑크 상수 h6.626 x 10^{-34} J · s 를 2π로 나눈 값보다 작을 수 없다 $\Delta E \cdot \Delta t \geq h/2\pi$. 이것은 에너지와 시간을 동시에 정확히 알 수는 없다는 뜻이다.

ΔE가 작다는 것은 에너지를 정확히 안다는 뜻이고, Δt가 작다는

것은 시간을 정확히 안다는 뜻이다. 따라서 어떤 계의 에너지와 시간을 동시에 정확히 알아서, ΔE와 Δt가 둘 다 매우 작다면 둘을 곱한 값이 $h/2\pi$보다 작아져서 불확정성 원리를 깨게 된다. 따라서 Δt가 매우 작아지면 ΔE가 커지고, 반대로 Δt가 커지면 ΔE가 작아진다.

불확정성 원리를 연속 스펙트럼과 선 스펙트럼의 차이에 적용해 보자. 불꽃 반응이나 네온사인처럼 온도가 높은 기체에서는 원자들이 멀리 떨어져 있기 때문에 원자들이 충돌하는 사이에 충분한 시간이 주어진다. 즉 어떤 원자가 한 상태에 머물러 있는 시간이 길면, 이것은 Δt가 큰 것에 해당한다. 반대로 액체나 밀도가 높은 기체에서처럼 원자 사이의 거리가 가까우면 자주 충돌해서 Δt가 작아진다.

예를 들어 네온사인의 네온 원자에서 전자가 한 상태에 오래 머물러 있어서 Δt가 크면 ΔE는 작아진다. 즉 그 전자가 가지는 에너지의 불확실성이 작아져 그 에너지 상태가 잘 정의된다. 네온사인에 전기 스위치를 켜면 빛이 나오는 이유는 네온 원자의 전자가 전기 에너지를 받아서 높은 에너지 상태로 올라갔다가 낮은 상태로 떨어지면서 그 에너지 차이가 빛으로 나오기 때문이다. 그런데 Δt가 크고 ΔE가 작아서 에너지가 높은 상태나 낮은 상태나 그 오차가 작다면 그 차이에 해당하는 빛의 에너지도 잘 정의될 것이다. 이러한 경우에는 나오는 빛이 일정한 파장 범위에 들어가므로, 분광기를 사용하면 선 스펙트럼을 관찰할 수 있다.

어떤 두 집단의 여유 자금을 비교한다고 해 보자. 한 집단의 평균 여유 자금은 100만 원이고, 다른 집단은 200만 원이다. 두 집단의 평균의 차이는 100만 원이다. 그런데 개개인 사이의 차이는 다르다. 만일 100만 원 집단에서 개개인의 여유 자금 분포는 99만 원에서 101만 원 사이이고, 200만 원 집단에서는 199만 원에서 201만 원 사이로 불확실성이 각각 2만 원에 불과하다면 100만 원 집단의 한 사람과 200만 원 집단의 한 사람 사이의 차이는 최소 98만 원에서 최대 102만 원으로 좁은 범위 안에 들어간다. 개인 차이를 그래프로 나타내면 100만 원을 중심으로 폭이 좁은 선이 얻어지는데, 이것은 에너지의 불확실성, 즉 ΔE가 작아서 선 스펙트럼이 관찰되는 경우와 같다.

선 스펙트럼은 밀도가 낮은 기체에서만 관찰된다. 앞에서 이야기한 알터의 수소 스펙트럼도 기체에서 관찰되었고, 태양에서 처음 발견된 헬륨의 선 스펙트럼도 태양의 대기에 들어 있는 기체 상태의 헬륨에 의해 나타난 것이다. 분젠과 키르히호프도 불꽃 반응을 통해 금속염들을 기체로 바꾼 후 선 스펙트럼을 얻었다.

그렇다면 연속 스펙트럼은 어떤 경우에 얻어질까? 기체의 밀도가 높아져서 충돌이 잦아지면 어떤 원자가 한 상태에 머물러 있는 시간인 Δt가 작아지므로 에너지의 불확정성 ΔE는 커진다. 이것은 네온 원자의 전자가 높은 에너지 상태이건 낮은 에너지 상태이건 큰 에너지 폭을 가지게 된다는 것을 뜻한다. 앞의 예에서 두 집단이 50만 원에서 150만 원 사이, 그리고 150만 원에서 250만 원 사이의 분포를 나타낸다면 개인 차이는 최소 0에서 최대 200만 원에 이를 것이다.

태양 표면처럼 여러 종류의 원자들이 높은 온도와 밀도 하에서 계속 충돌하는 상황에서는 여러 선들의 폭이 점점 넓어지면서 겹치고, 나중에는 연속 스펙트럼이 되어 모든 파장의 빛이 방출된다. 선 스펙트럼이 두 장의 얇은 종이를 일정한 거리를 두고 떼어 놓은 경우에 해당한다면, 연속 스펙트럼은 두 권의 두꺼운 책을 책의 두께 정도 거리에 떼어 놓은 경우에 해당한다.

고밀도의 기체뿐만 아니라 액체나 고체에서도 이러한 현상이 나타난다. 태양이나 별에서 나오는 빛도 이와 비슷한 이유로 적외선, 가시광선, 자외선 영역의 넓은 파장 대에서 연속 스펙트럼을 나타낸다. 이와 같이 선 스펙트럼과 연속 스펙트럼의 차이에는 불확정성 원리가 자리 잡고 있는 것을 알 수 있다.

불확정성 원리를 설명할 때 많이 사용하는 예로 전자의 위치의 불확정성이 있다. 전자의 위치를 알려고 빛을 쏘이면 빛은 전자의 위치를 바꾸어 놓는다. 더구나 전자는 매우 작기 때문에 전자를 보려면 파장이 매우 짧은 빛을 쏘아야 하고, 파장이 짧은 빛은 에너지가 크기 때문에 전자를 크게 교란시킨다. 이와 같이 원자 내에서 전자의 위치는 엄밀하게 알 수 없고, 확률적으로 기술할 수밖에 없는 것이다.

불확정성 원리는 사회과학 분야에서도 종종 응용되어 쓰이고 있다. 투자의 귀재로 알려진 소로스George Soros는 불확정성 원리로부터 자신의 투자 철학인 '재귀성 이론Theory of Reflectivity'를 이끌어 냈다고 한다. 인간은 합리적이지 않은 측면이 있어서 누가 어떤 주식을 과매수하면 덩달아 그 주식을 사게 되고, 결국 투자 행위가 주가에 영향을 미치기 때문에 절대적이고 확실한 주식의 가치는 없다는 것이다.

별빛의
스펙트럼

———————— 지금까지 어떤 물체가 방출하는 빛의 스펙트럼에는 선 스펙트럼과 연속 스펙트럼이 있는 것을 알아보았다. 그런데 빛을 방출하는 물체가 있는가 하면 빛을 흡수하는 물체도 있다. 우리는 이를 통해 물체의 색을 보게 된다. 예를 들어 빨간 장미는 햇빛의 연속 스펙트럼 중에서 파장이 짧은 쪽에 해당하는 초록과 파랑, 보라 부분을 흡수하고 빨강 부분을 반사하기 때문에 우리에게 빨간 장미로 보이는 것이다. 백장미는 가시광선을 거의 흡수하지 않고, 흑장미는 가시광선을 모두 흡수하는 경우이다.

빛의 흡수에 의해서 나타나는 스펙트럼을 흡수 스펙트럼이라고 하는데, 방출 스펙트럼에 선 스펙트럼과 연속 스펙트럼이 있듯이 흡수 스펙트럼에도 선 스펙트럼과 연속 스펙트럼이 있다. 우주의 나이와 관련해서 특히 중요한 것은 별빛이 나타내는 흡수 선 스펙트럼이다. 1853년에 옹스트룀Anders Ångström은 원소들이 빛을 방출하는 것과 같은 파장대에서 빛을 흡수해서 같은 위치에 어두운 흡수선을 나타낸다는 것을 알아냈다. 가장 잘 알려진 흡수선은 1814년부터 프라운호퍼Joseph von Fraunhofer가 정밀하게 조사한, 태양 스펙트럼 속에 나타나는 흡수선인 프라운호퍼선이다.

그런데 왜 햇빛이나 별빛은 흡수선을 나타낼까? 별은 지구보다 훨씬 더 크고 무겁고 표면 온도도 높기 때문에 별을 구성하는 수소, 헬륨, 그리고 나트륨, 마그네슘, 철 등 무거운 원소들이 기화해서 별의 대기를 이루고 있다. 온도가 매우 높은 별의 내부에서는 모든 원자에서 전자가 떨어져 나가서 원자핵과 전자가 플라즈마 상태로 존재한다. 반면에 별의 표면에서 멀리 떨어져 있어 온도가 낮은 곳에서는 원자핵이 전자를 붙잡아서 중성 원자로 존재한다. 그 중간 위치에 해당하는 별의 대기에는 중성 원자와 함께 전자가 일부 떨어져 나간 다양한 이온들이 있다. 이러한 중성 원자나 이온들에 들어 있는 전자가 특정한 파장의 별빛을 흡수하기 때문에 지구에서 관찰할 때는 무지개 같은 연속 스펙트럼 위에 어두운 선들이 나타나는 흡수 선 스펙트럼이 얻어진다. 즉 배경에 빛이 없는 방출 선 스펙트럼과 달리 흡수 선 스펙트럼은 연속 스펙트럼을 배경으로 해서 흡수선이 겹쳐진 복합적 스펙트럼이다.

이러한 흡수는 물질의 밀도가 높은 별의 대기에서 주로 일어난다. 별의 대기에 비하면 별 사이 공간이나 지구의 대기에 들어 있는 물질의 밀도는 매우 낮다. 물론 별의 대기층은 지구의 대기층보다 훨씬 두껍다.

그런데 별의 대기에서 흡수가 일어나면 다시 같은 파장의 빛이 방출되어서 흡수 효과가 상쇄되지는 않을까, 그래서 흡수 스펙트럼이 나타나지 않아야 하는 게 아닐까라고 생각할 수도 있다. 그러나 별빛의 에너지를 받아서 높은 에너지 상태로 올라간 전자가 내는 빛은 사방으로 방출되기 때문에 우리가 볼 때 방출에 의해 흡수 효과가 상쇄되는 정도는 미미하다.

콩트는 별빛이 흡수 선 스펙트럼을 나타내는 것도, 그리고 원소마다 선 스펙트럼이 다르기 때문에 별빛의 선 스펙트럼을 조사하면 별에 들어 있는 원소를 알 수 있다는 사실도 알지 못했다.

400 nm   700 nm

▪ 수소의 선 스펙트럼

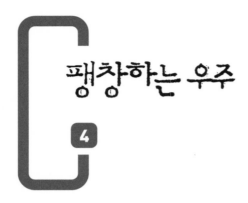

팽창하는 우주

4

슬라이퍼의
적색 편이

──────── 리비트가 변광성의 주기와 밝기의 비례 관계를 발견한 것과 비슷한 시점인 1910년을 전후해서 미국 로웰 천문대의 슬라이퍼는 또 다른 중요한 발견을 했다.

로웰 천문대는 1894년에 미국의 수학자이자 천문학자 로웰Percival Lowell이 사비를 털어 건설한 것으로, 로웰은 구한말에 박영효, 유길준 등이 보빙사로 미국을 방문했을 때 이들을 만나 조선에 관심을 가지게 된 인물로 우리나라에 알려져 있다. 이후 로웰은 조선을 방문한 후 『고요한 아침의 나라 조선』이라는 책을 저술했다.

로웰 천문대는 1930년에 명왕성을 발견한 것으로도 유명하다. 이후 명왕성은 태양계의 아홉 번째 행성이 되었는데, 명왕성 바깥쪽에서 명왕성과 크기가 비슷한 천체가 계속 발견되면서 2006년에 행성의 위치를 상실했다. 이 로웰 천문대에서 명왕성의 발견보다 더 중요한, 빅뱅 우주론으로 이어질 발견이 1910년대에 이루어진 것이다.

관찰자가 볼 때 별이 오른쪽 왼쪽으로 운동시선과 직각 방향하는 것과 앞뒤로 운동시선과 같은 방향하는 것 중 어느 쪽이 관찰하기 쉬울까? 먼 거리에서 별이 오른쪽 왼쪽으로 운동하는 것은 각도가 작아서 관찰하기 어려운데, 이것은 연주 시차로 멀리 있는 별의 거리를 잴 수 없는 것과 같은 이유이다. 그런데 앞뒤로 운동하는 경우에는 도플러 효과가 나타나서 음의 경우에는 고음 또는 저음으로 바뀌고, 빛의 경우에는 단파장 또는 장파장으로 바뀌는 것을 측정할 수 있다.

소리를 내는 어떤 물체가 관찰자에게 접근하면 고음으로 들리고, 멀어져 가면 저음으로 들리는 것은 고속도로 변에 서서 지나가는 차가 내는 엔진 소리를 들으면 쉽게 경험할 수 있다. 도플러 효과에 따른 선 스펙트럼의 편이가 처음 발견된 것은 우리 은하 내 시리우스라는 별에서였다. 시리우스는 밤하늘에서 가장 밝은 별로, 겉보기 등급이 −1.46이며 지구에서 8.6광년 거리에 있다. 가장 가까운 별인 알파 센타우리가 4.3광년 거리에 있으므로, 그 두 배 거리에 해당한다.

1868년에 영국의 허긴스 부부는 시리우스의 스펙트럼이 적색 편이 red shift된 것을 발견하고, 시리우스가 초속 40킬로미터로 멀어져 가는 것을 계산했는데, 여기에서 적색 편이는 파장이 길어져서 별의 스펙트럼 선이 원래의 파장에서 적색 쪽으로 치우쳐 나타나는 현상을 뜻한다. 이것은 그 빛을 내는 물체가, 위의 경우에는 시리우스가 관찰자인 허긴스로부터, 즉 지구로부터 멀어져 간다는 것을 의미한다.

성운에서 선 스펙트럼의 편이를 처음 발견한 것은 로웰 천문대의 슬라이퍼이다. 슬라이퍼는 1912년에 안드로메다 성운이 청색 편이 blue shift를 일으키는 것을 발견하고, 이어서 대부분의 성운이 적색 편이를 일으키는 것도 발견했다. 그러나 당시에는 성운의 거리를 몰랐기 때문에 적색 편이를 나타내는 천체가 수백만 광년 거리에 있는 은하라는 것을 알지 못했다. 우리 은하와 가장 가까운 안드로메다 은하는 청색 편이를 나타냈는데, 이것은 안드로메다 은하가 우리 은하와의 중력 작용으로 서로 접근 중이라는 것을 의미한다. 따라서 언젠가는 두 은하가 충돌할 것이 틀림없다.

한 가지 짚고 넘어갈 것이 있는데, 선 스펙트럼이라는 현상이 없다면 적색 편이를 관찰할 수 없을 것이다. 연속 스펙트럼에서는 적색이 적외선으로 넘어가면 그 자리를 노란색이 이동해 와서 채워 주고, 보라색이 청색으로 이동하면 그 자리를 자외선이 이동해 와서 채워 주기 때문이다.

허블 법칙

────────── 허블은 1923년 10월에 발견한 변광성의 주기와 광도를 세심하게 분석해서 그 거리를 계산한 후 1925년 초에 안드로메다 성운이 은하라는 것을 발표했다. 그 후 수십 개의 성운이 안드로메다 성운과 마찬가지로 우리 은하 밖의 외계 은하라는 것을 발견했다. 이어 허블은 슬라이퍼가 관찰한 성운의 적색 편이가 자신이 발견한 외계 은하에서도 나타나는지 조사하기 시작했다. 허블은 이미 수십 개 은하의 거리를 알고 있었기 때문에 각각의 은하의 적색 편이만 측정하면 되었다.

이때 적색 편이를 측정하는 일은 휴메이슨Milton Humason이라는 특이한 경력을 가진 허블의 조수가 맡았다. 휴메이슨은 윌슨 산 천문대를 건설할 때 물자를 산꼭대기의 건설 현장으로 운반하는 노새몰이였는데, 천문대 수위 자리를 얻은 후 천문학자들에게서 별 사진을 찍는 기술을 배웠다. 이후 얼마 지나지 않아 세계 최고의 별 사진을 찍는 기술자가 되었고, 허블의 신임을 얻어 허블 법칙의 발견에 기여하게 되었다.

은하의 거리를 알고 있는 허블과 휴메이슨은 각각의 은하가 내는 별빛의 스펙트럼을 조사한 결과 은하의 거리와 스펙트럼의 적색 편이 정도 사이에 대략적인 비례 관계가 있다는 것을 알아냈다. 이것은 은하가 멀리 있을수록 더 빨리 멀어져 간다는 것을 의미한다.

1929년에 발표된 이러한 은하의 후퇴 속도와 은하의 거리 사이의 비례 관계를 허블 법칙이라고 한다. 또 이때의 비례 상수, 즉 속도를 거리로 나눈 값을 허블 상수라고 한다. 한편 1910년대에 슬라이퍼도 성운의 적색 편이를 측정했을 때 성운의 거리를 알지는 못했지만, 아주 흐리고 따라서 멀리 있다고 생각되는 성운이 큰 적색 편이를 나타내는 것 같다고 짐작은 했었다. 당시 슬라이퍼가 리비트 법칙을 사용해서 자신이 관측한 성운들의 거리를 측정했다면 슬라이퍼 법칙, 슬라이퍼 상수가 될 수도 있었을 것이다.

허블은 관측 천문학자로 처음에는 허블 법칙의 의미나 해석에는 큰 관심을 기울이지 않았다고 한다. 허블 법칙을 누구나 쉽게 이해하도록 해석을 한 것은 당시 세계 최고의 천문학자였던 영국의 에딩턴Arthur Eddington이다. 에딩턴은 1919년에 아인슈타인의 일반 상대성 이론이 예측했던 대로 별빛이 태양 주위를 지날 때 휘는 것을 관측한 것으로 유명하다. 태양의 중력장이 공간을 휘게 만든 것을 관측한 것이다. 이 관측은 제일 차 세계 대전이 끝나는 시점에서 영국의 과학자가 적국인 독일 과학자의 이론을 증명해 주었다는 점에서 세계의 이목을 집중시켰다.

허블 법칙이 발표된 지 4년 후인 1933년에 에딩턴은 『팽창 우주 The Expanding Universe』라는 저서에서 풍선에 여러 개의 점을 찍고 풍선을 불면 어느 점에서 보아도 멀리 있는 점이 빨리 멀어져 가는 것처

럼 보이는 것에 비유해서 허블 법칙이 우주의 팽창을 의미한다고 주
장했다. 그리고 어느 점에서 보아도 다른 모든 점들이 그 점으로부
터 멀어져 가는 것처럼 보이기 때문에 우주의 중심은 없다고 지적했
다. 허블 법칙이 제시된 후 모든 은하가 우리로부터 멀어지기 때문
에 우리가 우주의 중심이라고 생각할 수도 있지만, 에딩턴은 우주의
중심이 없다는 해석을 내린 것이다.

그런데 이 풍선 모델은 오해의 소지가 있다. 풍선을 불 때는 부피
가 증가하는 풍선의 중심을 생각할 수 있다. 따라서 잘못하면 풍선
의 중심을 우주의 중심으로 생각하기 쉽다. 그러나 이 모델에서 우
주는 풍선의 표면이다. 따라서 팽창하는 우주에서 중심은 없다.

또 하나는 풍선이 풍선 바깥의 공간으로 팽창하듯이 우주도 우주
바깥 공간으로 팽창하는 것이 아닌가 하는 오해이다. 그러나 우주
바깥에는 아무것도 없다. 우주 바깥에 공간이 있다면 그 공간도 우
주에 포함시켜야 한다. 왜냐하면 우주는 시간, 공간, 에너지, 물질
모두를 포함하기 때문이다. 따라서 허블 법칙은 공간 자체가 팽창하
는 것을 의미한다.

그렇다면 팽창하는 우주를 뒤로 돌리면 우주의 크기는 한 점에,
우주의 나이는 0에 접근할 것이다. 이것이 바로 빅뱅의 시점이다. 빅
뱅 이전에는 무엇이 있었는가라는 질문은 과학적 질문이 아니다. 과
학은 관찰에서 출발하는 데 빅뱅 이전은 관찰의 영역이 아니기 때문

이다. 우주가 태어나기 전에 신은 무엇을 하고 있었느냐는 질문에
대해 아우구스티누스Sanctus Aurelius Augustinus가 "신은 당신같이 쓸 데
없는 질문을 하는 사람을 집어넣기 위해서 지옥을 만들고 있었다."
고 답했다는 말이 있듯이 빅뱅 이전은 종교의 영역일지는 몰라도 과
학의 영역은 아니다.

요즘에는 우주가 무수히 많고, 우리가 속한 우주는 그 중에서 우
연히 생명이 태어나기에 적합한 조건을 갖춘 우주라는 이론도 있지
만, 이러한 생각도 관찰을 통해 검증할 수 없기는 빅뱅 이전에 관한
논의나 마찬가지이다.

우주의
나이

———————— 허블 법칙이 알려지자 허블 상수로부터 우주의 나
이를 구할 수 있다는 생각이 자연스럽게 떠올랐다.

예를 들어 초속 5미터로 달리는 토끼와 초속 5센티미터로 기어가
는 거북이가 100미터 경주를 한다고 하자. 초속 5미터인 토끼는 20
초 만에 결승점을 통과하고, 초속 5센티미터인 거북이는 토끼가 결
승점을 통과하고 있을 때 불과 1미터 지점을 통과하고 있을 것이다.
이때 100미터를 토끼의 초속으로 나누어도 20초가 나오고, 1미터를

거북이의 초속으로 나누어도 20초가 나온다. 토끼도 거북이도 같은 20초 동안 이동했기 때문이다. 만일 토끼와 거북이가 달리는 것을 출발점에서 지켜본다면 토끼는 거북이보다 100배 빠르므로 매순간 토끼가 거북이보다 100배 먼 거리에 있는 것을 보게 될 것이다.

이것은 별과 은하가 처음 만들어진 초기 우주로부터 어떤 은하가 어떤 속도로 멀어져 가고 있는 경우와 같다고 할 수 있다. 따라서 현재 은하의 거리를 그 은하의 후퇴 속도로 나누면 현재 거리만큼 멀어지는 데 걸린 시간, 즉 우주의 나이를 구할 수 있을 것이다. 이것은 허블 법칙의 그래프에서 어느 한 점, 즉 하나의 은하를 잡아서 x축의 값을 y축의 값으로 나누는 것이다. 그런데 원점을 지나는 $y = ax$식의 그래프에서 기울기, 즉 비례 상수 a는 y축의 값을 x축의 값으로 나눈 것이다.

허블 상수는 은하의 후퇴 속도를 y축에, 은하까지의 거리를 x축에 나타냈을 때 얻어지는 일차 함수에서 비례 상수에 해당한다. 따라서 우주의 나이는 허블 상수의 역수가 된다. 만일 허블 법칙이 은하까지의 거리를 y축에, 은하의 후퇴 속도를 x축에 나타냈다면 허블 상수가 우주의 나이가 될 것이다. 우주의 나이가 허블 상수의 역수가 아니고 허블 상수 자체라면 기억하기도 쉽고 우주의 나이를 구하기도 쉬울 텐데 왜 허블 상수의 역수가 되었을까?

우주의 나이가 허블 상수의 역수가 된 이유는 허블 법칙이 발견된 역사적 과정과 관련이 있다. 앞에서 살펴본 대로 허블은 여러 개의 은하의 거리를 먼저 측정하고 그 다음에 은하의 후퇴 속도를 적색 편이를 통해 측정했기 때문에 후퇴 속도를 거리의 함수로 나타내는 것이 당연하다. 그러다 보니 우주의 나이가 허블 상수의 역수가 된 것이다.

최근 발표된 허블 상수 값은 다음과 같으며, 측정 방법에 따라 조금씩 차이가 있다.

2011년 73.8 km/s/Mpc   67.0 km/s/Mpc

2010년 72.6 km/s/Mpc   71.0 km/s/Mpc   70.4 km/s/Mpc

위의 5개 허블 상수의 평균을 취해서 허블 상수가 71 km/s/Mpc로 관찰되었다고 하고 우주의 나이를 구해 보자. 여기서 Mpc는 'million parsec'의 약자이다. 따라서 허블 상수가 71 km/s/Mpc라는 말은 100만 파세크 거리에 있는 은하가 매초 71킬로미터의 속도로 멀어져 간다는 것을 뜻한다. 물론 토끼와 거북이의 경우처럼 200만 파세크 거리에 있는 은하는 매초 142킬로미터의 속도로 멀어져 갈 것이다.

1파세크는 3.26광년이므로 매초 71킬로미터의 속도로 멀어져 갈 경우 326만 광년 거리를 이동하는 데 걸리는 시간이 우주의 나이이고, 이는 허블 상수의 역수이다.

우주의 나이 = 1/(71 km/s/Mpc) = (1 Mpc)/(71 km/s)

그런데 1광년은 광속3×10^5 km/s으로 1년 동안 이동한 거리이므로, 3×10^5 km/s(y)로 적을 수 있다. 따라서 우주의 나이는 다음과 같다.

1 Mpc = (3.26)(10^6)(3 x 10^5 km/s)(y) = (9.8 x 10^{11} km/s)(y)

우주의 나이 = (9.8 x 10^{11} km/s)(y)/(71 km/s/Mpc)

= 1.38 x 10^{10} y(138억 년)

별의 나이

허블 법칙으로부터 구한 우주의 나이는 138억 년 정도이다. 따라서 다른 독립적인 방법으로 비슷한 값이 얻어진다면 우주의 나이에 더욱 확실한 믿음을 가지게 될 것이다.

우주가 태어나고 약 3억 년 후에 우주 역사에서 처음으로 별과 은하가 태어난 것으로 생각된다. 따라서 가장 오래된 별의 나이를 구하면 이로부터 우주의 나이를 추산할 수 있을 것이다. 우리 은하에서 발견된 가장 나이가 많은 별은 132억 년으로 알려진 HE 1523-0901이다. 이 별은 137억 년 우주의 나이에서 비교적 초기에 생긴 것으로, 우주의 화석이라고 할 수 있다.

이 별은 나중에 만들어진 대부분의 별에 비해 금속 원소들의 양이 매우 적다. 무거운 금속 원소들은 별이 일생을 마칠 때 만들어져서 다음 세대의 별이 만들어질 때 재료로 섞여 들어간다. 따라서 뒤에 만들어진 별일수록 무거운 원소가 많고, 초기에 만들어진 별일수록 무거운 원소가 적다. 그런데 132억 년 된 별에도 약간의 우라늄과 토륨 같은 방사성 동위원소가 있는 것을 보면 그 전에 이미 별이 태어나서 한 사이클을 마쳤다는 것을 알 수 있다.

이러한 방사성 동위원소는 불안정해서 방사능 붕괴를 하면서 다른 원소로 바뀐다. 따라서 남아 있는 동위원소와 만들어진 동위원소의 비율을 측정하면 현재의 비율이 이루어진 데 걸린 시간을 구할 수 있다. 달의 나이가 46억 년이라는 것도 아폴로 탐사선이 달에서 가져온 월석에 들어 있는 우라늄-토륨-납의 비율로부터 알아낸 것이다.

방사능 붕괴는 일정 시간이 지나면 물질이 반으로 줄어드는 특징이 있는데, 이와 같이 물질이 반으로 줄어들 때까지 걸리는 시간을 반감기라고 한다. 예를 들어 어떤 사람이 매달 초에 40만 원의 용돈을 받고, 하루 동안에 그날 남아 있는 돈의 절반을 쓴다고 하자. 이 경우 이 사람의 돈의 반감기는 하루로, 첫째 날은 20만 원을, 둘째 날은 10만 원을, 셋째 날은 5만 원을 쓸 것이다. 따라서 이 사람의 돈이 2만 5천 원 남았다면 4일이 지난 것을 알 수 있다. 물론 그 동안 사들인 물건은 늘었다. 이러한 원리를 별의 동위원소에 적용하면 별의 나이를 구할 수 있다.

HE 1523-0901처럼 나이가 많은 별은 주로 구상 성단이라는 별의 집단에서 발견된다. 태양은 46억 년 전에 만들어진 별로, 은하수의 여러 개 나선팔 중 하나에 들어 있다. 나선팔에는 아직 별이 되지 못한 수소, 헬륨 등이 많이 남아 있어서 지금도 별이 태어나고 있다. 그런데 우리 은하의 평면에서 조금 벗어난 공간에 위치한 구상 성단에는 더 이상 별을 만들 재료가 없고, 오래된 별들이 많다. 이러한 오래된 별에 남아 있는 방사성 동위원소와 이들이 붕괴해서 생긴 원소의 양을 측정하면 별의 나이를 구할 수 있고, 이 방법으로 구한 가장 오래된 별의 나이가 약 132억 년이다.

가장 오래된 별의 나이가 허블 상수로부터 구한 우주의 나이보다 약간 작은 것은 빅뱅 우주론을 지지하는 중요한 증거 중의 하나이다. 현재 가장 정확히 알려진 우주의 나이는 뒤에서 다룰 우주배경복사로부터 구한 137억 년이다.

올베르스의
역설

——————　　우주의 나이가 137억 년이라고 하면 일단 우주는
상당히 오래 전에 태어났다는 생각을 하게 된다. 몇 백 년 전까지만
해도 서구 사회에서는 천지창조가 이루어진 것이 수천 년 전이라고
생각했다. 실제로 아일랜드의 주교였던 어셔James Ussher는 「창세기」
에 나오는 누가 몇 살에 누구를 낳고 식의 서술을 문자 그대로 받아
들여서 천지창조가 B.C. 4004년 10월 23일 밤이 시작될 무렵에 일어
났다고 주장했다. 6천 년에 비하면 137억 년은 엄청나게 길지만 무한
한 것에 비하면 짧고 유한한 시간이다. 우주는 시간 면에서 유한한
것이다.

우주의 나이가 유한하다면 우주의 크기도 유한하다고 보아야 한
다. 우주의 크기가 무한하다면 우주가 계속 팽창할 수 없기 때문이
다. 만유인력을 발견한 뉴턴은 우주가 무한하다고 보았다. 우주가
유한하다면 하늘의 별들이 만유인력에 의해 무게 중심으로 모여 우
주가 붕괴해야 하는데, 그런 것 같지도 않고 그래서도 안 될 것 같았
기 때문이다. 물론 뉴턴은 우주가 팽창하기 때문에 우주가 유한하더
라도 한 점으로 붕괴할 필요는 없다는 것을 알지 못했다.

흔히 우주의 유한함을 보여 주는 증거로 올베르스의 역설을 든다.
우주의 크기가 무한하다면 모든 시선 방향으로 별이 있어야 하고,

우주가 정적이고 나이가 무한하다면 그 별빛이 지구에 도달했어야 하기 때문에 밤하늘이 온통 태양으로 꽉 찬 것처럼 밝아야 한다는 것이다. 올베르스의 역설은 1823년에 독일의 천문학자이자 물리학자인 올베르스Heinrich Olbers가 주장한 것으로 알려졌지만 그에 앞서 케플러Johannes Kepler와 핼리Edmond Halley 등도 비슷한 생각을 했다고 한다.

올베르스의 역설을 좀 더 자세히 분석해 볼 필요가 있다. 우주가 무한하더라도 먼 거리에서 오는 별빛을 모두 더한 값이 유한한 값으로 수렴한다면 밤하늘은 어두울 수 있기 때문이다.

우주를 양파처럼 여러 개의 층으로 나누어 각 층에서 나오는 빛이 지구에서 얼마나 밝게 보이는지를 계산해 보자. 지구를 중심으로 100광년 거리에 있고 두께가 1광년인 안쪽 층과 두께는 같은 1광년이지만 200광년 거리에 있는 바깥쪽 층을 생각해 보자. 반지름이 2배가 되면 구의 표면적은 4배가 되는데 층의 두께가 같다면 바깥쪽 층은 안쪽 층에 비해 부피가 4배가 된다. 따라서 별들이 골고루 분포하고 있다면 바깥쪽 층에는 안쪽 층보다 4배 많은 별이 있을 것이다. 그런데 거리가 2배가 되면 밝기는 4분의 1로 줄기 때문에 지구에서 볼 때는 바깥쪽 층이나 안쪽 층이나 같은 밝기를 나타낸다.

만일 우주가 무한히 크다면 이러한 껍질이 무한히 많다는 뜻이 되고, 일정한 밝기가 무한히 더해지면 무한한 밝기가 되어야 하는데 밤하늘은 어둡다. 따라서 밤하늘이 어둡다는 사실은 우주가 유한하 다는 것을 웅변적으로 말해 주는 것이다.

그런데 사실 우주가 유한한지 무한한지 하는 문제는 우주를 우리 가 관찰을 통해 알 수 있는 모든 것으로 정의해야 의미를 지닌다. 최 근 인터넷 자료에 따르면 관측 가능한 우주observable universe의 지름은 적어도 930억 광년이라고 한다. 우주의 나이 137억 년 동안 빛이 이 동한 거리는 137억 광년이므로 언뜻 생각하면 양방향을 고려해서 우주의 지름을 약 300억 광년으로 보는 것이 타당해 보인다. 그러나 빛이 천체를 떠나서 지구에 도달하는 동안에도 그 천체는 우주 공간 과 함께 멀어져 가고 있으므로 930억 광년 정도가 되는 것이다.

상대성 이론에 따르면 광속은 유한하지만 우주의 팽창 속도는 광 속을 초과할 수 있다. 따라서 실제 우주는 우리가 관측할 수 있는 우 주보다 더 클 가능성이 있다. 다시 말해서 우주가 얼마나 큰지는 잘 모르는 것이다. 그래서 우주가 유한한지 무한한지는 불확실하다고 말 하기도 한다. 그렇지만 팽창 속도가 무한할 수 없고 유한하다면 유한 한 시간 동안 팽창한 우주의 크기도 유한하다고 보아야 할 것이다.

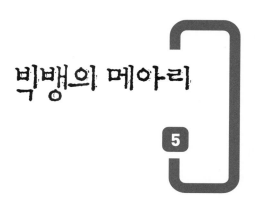

빅뱅의 메아리

5

우주적
잡음

허블 상수로부터 우주의 나이를 구할 수 있게 되자
인류는 우주에 시작이 있다는 것을 알게 되었다는 것에 대해 놀라움
과 흥분을 감추지 못했다. 그러나 한편으로는 불안감을 숨길 수도
없는 상황이 벌어졌다.

1923년에 발견된 안드로메다 은하의 거리가 250만 광년이라면
1929년에 허블 법칙이 발표될 당시 발견되었던 수십 개의 은하 중에
서 가장 먼 은하의 거리는 기껏해야 천만 광년 이내였을 것이다. 그
런데 허블 법칙으로부터 계산한 우주의 나이를 100억 년 정도라고

하면 천만 년은 우주 나이의 0.1%에 불과하다. 따라서 가까운 은하의 후퇴 속도로부터 우주의 나이를 구하는 것은 마치 70세 노인이 최근 한 달 사이에 노화되는 모습으로부터 70세 나이를 추정하는 것과 비슷한 경우이다.

앞에서 이야기한 대로 요즘은 1억 광년 거리까지도 개개의 변광성을 관찰해서 거리를 측정할 수 있다. 그런데 1억 광년은 지금까지 인간이 관찰한 가장 먼 은하의 거리인 130억 광년의 1%에 불과하다. 따라서 허블 법칙으로부터 우주의 나이를 구하려면 허블 법칙으로 거리를 직접 잴 수 없는 나머지 99% 우주에도 적용된다는 가정이 필요하다. 이 때문에 허블 법칙만으로 빅뱅을, 즉 우주의 기원을 이야기하기에는 좀 불안한 측면이 있다.

게다가 초기에는 허블 상수 측정 자체에 오차가 많았다. 별과 별 사이에는 성간 물질 또는 분자 구름이 있어서 별빛을 차단하는 효과가 있는데 이러한 효과를 제대로 감안하지 못하면 은하의 거리 측정에 오차가 생긴다. 그래서 처음에는 우주의 나이가 50억 년 정도로 얻어졌는데, 나중에 방사성 동위원소의 반감기로부터 가장 오래된 별의 나이를 측정한 결과 50억 년보다 훨씬 큰 값이 얻어졌다. 이것은 자식의 나이가 부모의 나이보다 많은 것과 같으므로 심각한 문제가 아닐 수 없었다.

한편 당시 최고의 천문학자였던 호일 등은 빅뱅 우주론에 맞서서 정상 우주론을 주장했다. 정상 우주론은 빅뱅 우주론의 주장대로 우주가 한 점에서 출발해서 팽창하면서 우주의 온도와 밀도가 떨어지고 이러한 과정을 통해 현재의 우주가 만들어진 것이 아니라, 팽창하면서 생긴 공간을 계속해서 수소가 만들어지면서 채워 나가 일정한 상태를 유지한다는 이론이다. 정상 우주론도 허블 법칙이 의미하는 공간의 팽창을 부정할 수는 없었기 때문에 우주가 일정한 상태를 유지하기 위해서는 물질이 만들어지면서 새로 만들어진 공간을 채워 나간다고 주장한 것이다. 지금 생각해 보면 참으로 터무니없는 이론이다. 물질이 계속 만들어진다면 그 물질은 어디에서 온다는 말인가! 어쨌든 빅뱅 우주론과 정상 우주론이 둘 다 맞을 수는 없으므로, 관찰 사실이 어느 쪽의 손을 들어 주느냐에 따라 다른 하나의 이론은 무대에서 물러날 수밖에 없는 상황이 벌어졌다.

허블 법칙이 발표된 지 약 20년 후인 1948년에 가모브는 자신의 대학원생인 알퍼Ralph Alpher와 허먼Robert Herman과 함께 빅뱅 우주론이 맞다면 초기의 작고 뜨거웠던 우주를 채웠던 빛이 팽창에 따라 식은 현재의 우주에도 낮은 에너지로 남아 있을 것이라고 예측했다. 그리고 심지어 그 에너지는 절대 온도로 5 K 정도에 해당하는 흑체복사blackbody radiation에 해당할 것이라고 예상했다. 이 에너지는 은하처럼 우주의 어떤 특정한 부위가 아니라 우주 전체에 깔려 있어야 하기 때문에 앞에서 이야기한 대로 우주배경복사라고 불린다.

복사는 직접 에너지가 전달되는 형태이다. 한편 젓가락의 한 쪽 끝이 뜨거워지면 다른 쪽 끝도 뜨거워지는 경우는 전도라고 하는데, 이때는 열을 전달해서 어느 방향으로 인도하는 물체가 필요하다. 그렇다고 해서 그 물체가 직접 이동하는 것은 아니다. 또 방의 어느 한 부분이 따뜻해지면 얼마 후에 다른 부분도 따뜻해지는데, 이때는 공기 분자들이 이동하면서 에너지를 운반하는 대류, 즉 찬 공기와 따뜻한 공기의 상대적 흐름이 일어난다. 이처럼 전도와 대류에는 에너지를 전달하는 물질이 있는데 반해 복사에서는 에너지가 공간을 통해 전자기파electromagnetic radiation 형태로 직접 이동한다. 따라서 복사는 넓은 의미에서 빛이라고 볼 수 있다. 그리고 빛은 전도나 대류와 달리 진공에서도 전파된다.

이제 우주배경복사의 의미를 생각해 보자. 나이가 70세인 사람이 자기가 태어나고 하루 후에 낸 '응아' 소리의 메아리를 들었다면 자신의 일생을 거꾸로 돌이켜 보는 것과 같다고 할 수 있다. 허블 법칙이 우주의 마지막 한 달을 보는 것이라고 한다면 초기 우주를 채웠던 우주배경복사를 검출하는 것은 70세인 사람이 자신의 나이 전체를 거슬러 올라가는 것이므로, 그 의미가 크게 다르다. 따라서 우주배경복사가 검출된다면 빅뱅 우주론은 확고한 위치를 확보하게 될 것이었다.

1965년에 미국 뉴저지 주의 벨 연구소에서 연구하던 펜지어스와 윌슨은 마이크로파 안테나에 알 수 없는 잡음이 계속 들어와서 골치를 앓고 있었다. 이 안테나는 벨 전화 회사에서 인공위성 추적용으로 만든 것인데 더 이상 필요가 없어져서 펜지어스와 윌슨이 천문 연구에 사용하고 있었다. 이들은 이 잡음이 뉴욕 방향에서 오는 것이라고 생각해서 방향을 바꾸어도 보고, 장비를 점검하고, 틈을 막고, 비둘기 똥을 치우는 등 갖가지 수단을 동원해서 잡음의 실체를 찾으려고 했지만 헛수고였다. 그러자 펜지어스와 윌슨은 아예 장기적으로 이 잡음을 추적해 봄으로써 그 실체를 찾고자 했다. 이 잡음은 계절에 상관없이 하늘의 모든 방향에서 일정한 세기로 잡혔다. 그리고 이 마이크로파 잡음은 에너지를 온도로 환산했을 때 2.7 K에 해당했다. 절대 온도 0도는 -273℃이다. 상온은 25℃ 정도이므로 우리 주위의 온도는 300 K 정도에 해당한다. 따라서 2.7 K는 우리 주위 에너지의 100분의 1 정도로 상당히 낮은 에너지인 것을 알 수 있다.

한편 당시 벨 연구소에서 30분 정도 거리에 있는 프린스턴 대학교에서는 디키Robert Dicke라는 물리학자가 가모브가 예상한 우주배경복사를 찾기 위해 실험 장비를 만들고 있었다. 원래 마이크로파 기술은 제이 차 세계 대전 당시 레이더 용도로 개발되었는데, 전쟁이 끝나면서 중고품 시장에서 쉽게 마이크로파 장비를 구할 수 있었다. 디키는 이러한 중고품을 활용해서 실험 장비를 거의 완성하고, 막 우주배경복사 검출 실험을 시작하려던 참이었다. 그런데 이때 이웃

동네에서 펜지어스와 윌슨이 이해할 수 없는 마이크로파 잡음 때문에 골치를 앓고 있다는 소문을 듣게 된 것이다. 디키는 이들과 통화를 하자마자 그 잡음이 바로 자신이 찾고 있던 우주배경복사라는 것을 알아차렸다. 마이크로파 잡음은 실은 빅뱅의 메아리였던 것이다. 펜지어스와 윌슨은 자신들이 제거하려고 애쓰던 마이크로파 잡음 덕분에 1978년에 노벨 물리학상을 수상했다.

빅뱅 우주론이 예측했던 우주배경복사가 발견되었을 뿐만 아니라, 그 업적에 대해 노벨상이 수여되면서 빅뱅 우주론은 과학계에서 확고하게 자리를 굳히게 되었고, 정상 우주론은 무대 아래로 밀려났다. 이어 빅뱅 우주론은 언론 매체와 과학 관련 서적 등을 통해 일반인에게 서서히 알려지게 되었다.

가모브가 우주배경복사를 예측하고 나서 펜지어스와 윌슨이 우주배경복사를 발견하기까지 10여 년 동안 아무도 그것을 찾지 않았는데, 가모브 자신도 알퍼와 허먼이 계산한 값이 5 K의 작은 값이라는 것을 듣고 상당히 실망했다고 한다. 이렇게 낮은 에너지라면 검출을 시도할 필요가 없다고 생각한 것이다. 137억 년 동안 팽창한 우주에서 우주배경복사는 잡음으로 남아서 누군가가 검출해 주길 기다릴 수밖에 없었나 보다.

빅뱅 우주론에서 우주배경복사가 중요하듯이 오케스트라 음악에서도 배경음이 중요하다. 잰더Benjamin Zander라는 유명한 지휘자에게 오케스트라에서 제일 중요한 파트가 어디냐고 묻자 더블베이스라고 대답했다고 한다. 더블베이스는 첼로와 모양이 비슷하고 크기가 좀 더 큰 현악기로, 오케스트라의 현악기 가운데 가장 낮은 음을 낸다. 잰더는 더블베이스의 낮은 음이 배경음을 잘 깔아주어야 전체 음악이 살아난다고 이야기한 것이다. 오케스트라 음악을 들을 때는 바이올린같이 현란한 파트에 집중하기 쉬운데 더블베이스 소리에 집중해서 들어 보면 전혀 새로운 음악적 경험을 할 수 있다. 헨델의 "메시아" 중 '할렐루야'를 더블베이스 파트에 집중하면서 들어 보시라.

흑체 복사
스펙트럼

─────── 우주배경복사가 발견되면서 두 가지가 궁금해졌다. 첫 번째는 우주배경복사가 과연 흑체 복사 스펙트럼을 나타낼까 하는 점이고, 두 번째는 우주배경복사가 우주 전체적으로 완전히 균일할지 아니면 약간의 차이를 나타낼지 여부였다. 여기에서는 첫 번째 의문을 다루기로 하고, 일단 흑체 복사에 대해 알아보자.

수채화를 그릴 때는 다양한 색깔의 물감을 사용한다. 만일 어느 색소가 빨강 이외의 모든 빛을 흡수하고 빨강만을 반사하면 빨강 물감이 된다. 초록이나 파랑 물감도 마찬가지이다. 빨강, 파랑, 초록을 색의 3원색이라고 하는데, 이 세 가지 색의 물감이 섞이면 결과적으로 모든 파장의 빛이 흡수되기 때문에 검은색이 된다. 이렇게 모든 파장의 빛을 흡수하는 물체를 흑체black body라고 하는데 흑체는 빛을 방출할 때도 모든 파장의 빛을 방출한다. 흑체라는 말은 1860년에 키르히호프가 처음 사용했다고 한다.

전열기구의 니크롬선은 스위치를 켜기 전에는 거무스레한 흑체이다. 그런데 스위치를 켜서 온도가 올라가면 아직은 검은 데도 만져 보면 미지근해진 것을 알 수 있다. 이때 나오는 빛을 파장별로 측정해 보면 적외선에서 상당한 양이 나오고 가시광선은 미약한 분포를 나타낸다. 온도가 3천 도 정도까지 올라가서 니크롬선이 빨갛게 보이면 적외선뿐만 아니라 파장이 긴, 붉은 쪽의 가시광선도 많이 나오는 것을 알 수 있다. 제철소에서 볼 수 있는 노랑 빛을 내는 녹은 쇳물처럼 5~6천 도 정도의 온도에서는 붉은색보다 파장이 약간 짧은 노랑 빛이 더 많이 나오고, 그보다 더 짧은 파랑, 심지어 자외선까지 많은 양이 나온다. 온도가 2만 도 정도로 매우 높아지면 청색이 나온다.

이처럼 온도가 올라가면서 절대 온도에 반비례해서 가장 많이 나오는 빛의 파장이 짧아지는 것을 독일의 물리학자 빈Wilhelm Wien의 이름을 따서 빈의 법칙이라고 한다. 이때 어느 온도에서 흑체가 내는 빛의 강도를 파장에 따라 그래프로 나타낸 것을 흑체 복사 스펙트럼이라고 한다. 흑체 복사 스펙트럼은 모양이 비대칭적이다. 예를 들어 한반도의 중간 정도, 즉 38선을 따라 지형의 단면도를 그린다 면 서해 쪽에서부터 완만하게 지면이 상승하다가 설악산 부근에서 최고점에 달하고 그 이후로는 비교적 급격하게 경사가 져서 동해에 이르는 것이다. 이처럼 흑체 복사 스펙트럼은 높은 온도에서는 짧은 파장 쪽에서 급격하게 강도가 떨어지는 모습을 나타낸다.

한편 온도가 올라가면 나오는 빛의 총량, 즉 스펙트럼 곡선 아래 의 면적은 온도의 4제곱에 비례해서 증가하는데 이를 슈테판-볼츠 만 법칙이라고 한다.

흑체 복사 스펙트럼은 19세기에서 20세기로 넘어가면서 고전역 학이 양자역학으로 탈바꿈하는 데 중요한 역할을 했다. 고전적으로 흑체 복사 스펙트럼의 장파장 부분은 쉽게 설명이 되지만 단파장 부 분은 어떤 식으로도 설명이 되지 않았다. 특히 파장이 아주 짧은 빛 의 강도가 급격히 0으로 떨어지는 현상이 문제였다. 플랑크Max Planck 는 1900년 12월에 흑체 복사 스펙트럼을 설명하기 위해 파격적인 제 안을 해서 신비로운 양자의 세계로 들어가는 문을 열었다.

진동을 하고 있는 용수철을 생각해 보자. 어떤 용수철의 진동수는 그 용수철의 고유한 상수, 즉 용수철 상수에 의해 결정된다. 따라서 외부에서 용수철 상수에 해당하는 에너지가 주어지면 그 에너지를 흡수하게 된다. 다리 위를 행진하는 군대의 발맞춤이 다리의 진동수

와 맞으면 다리가 출렁거리다가 무너지는 것도 같은 원리이다. 소리
굽쇠를 사용해서 악기를 조율하는 경우도 마찬가지이다. 이와 같이
특정 진동수에서 큰 진폭으로 진동하는 현상을 공명이라고 한다. 그
런데 흑체는 모든 파장의, 즉 모든 진동수의 빛을 방출하거나 흡수
하기 때문에 다양한 용수철 상수를 가지는 진동자의 집합이라고 볼
수 있다. 문제는 왜 큰 용수철 상수를 가지는 진동자의 수는 작은가
라는 것이다.

플랑크는 진동자는 연속적인 에너지 값을 가지지 않고, 어떤 기본
값의 2배, 3배 등 정수배 값만을 가질 수 있다, 즉 에너지가 양자화
되어 있다고 가정했다. 그리고 그 기본 값은 진동수 ν에 비례한다고
가정했다. 이때 비례 상수 b를 플랑크 상수라고 한다. 따라서 빛의
에너지와 진동수의 관계식은 다음과 같다.

$$E = b\nu$$

이렇게 하자 온도에 따른 흑체 복사 스펙트럼이 정확히 얻어졌다.
흑체 복사 스펙트럼은 비대칭적이어서 간단한 수식으로 표현될 수
없다. 그럼에도 불구하고 모든 온도에서 플랑크의 관계식이 흑체 복

사 스펙트럼을 설명하면서 플랑크의 가정은 자연을 정확히 서술하는 ,방식으로 받아들여지게 되었다. 측정된 흑체 복사 스펙트럼과 플랑크의 관계식으로부터 플랑크 상수를 결정할 수 있는데, 플랑크 상수는 $6.6260695729 \times 10^{-34}$ J · s로 자연에서 가장 기본적인 상수 중 하나이다.

플랑크 상수가 도입되면서 흑체 복사 스펙트럼의 모양도 정확히 설명할 수 있게 되었다. 진동자의 진동수가 높을수록 진동자의 에너지가 크다면 주어진 온도에서, 즉 에너지의 총량이 주어졌을 때 높은 진동수를 가지는 진동자의 수가 제한될 것이다. 그리고 진동수가 높은 빛도 적게 나올 것이다.

만약 만 원짜리 지폐 100장이 하늘에서 떨어졌는데 10명이 그 지폐를 주워서 가진다고 생각해 보자. 이 경우 1장, 2장, 5장을 주운 사람이 각각 한 명, 7장을 주운 사람이 두 명, 9장을 주운 사람이 네 명, 10장을 주운 사람이 세 명, 12장을 주운 사람이 한 명 식으로 총액 100만 원을 놓고 어떤 분포가 생길 것이다. 만약 100장이 아니라 1,000장이 떨어졌다면 각자 10배를 더 줍는 것이 아니므로 전체 분포가 달라질 것이다. 더 열심히 지폐를 줍다 보면 여러 장을 줍는 사람의 수가 늘어나는 것이다. 이것은 온도가 높아지면 진동수가 높은 빛이 많이 나온다는 빈의 법칙에 해당한다. 그리고 어느 분포에서나 남보다 많이 줍는 사람의 수는 0으로 수렴하게 되어 있다.

이처럼 플랑크는 에너지의 양자화 개념을 도입해서 흑체 복사 스펙트럼을 설명함으로써 현대 과학의 새로운 지평을 열었다. 여기에서 핵심은 진동자의 에너지는 진동수에 비례한다는 플랑크 관계식인 것을 잊지 말자. 고전역학에는 용수철을 당기면 길이가 늘어난 만큼 위치 에너지가 증가한다는 개념은 있지만 용수철 자체의 에너지가 진동수에 비례한다는 개념, 그리고 용수철의 에너지가 그 기본값의 정수배만이 될 수 있다는 개념은 없다.

앞에서 이야기한 대로 1948년에 우주배경복사를 예상한 가모브는 우주배경복사가 흑체 복사 스펙트럼을 나타낼 것이라고 생각했다. 그렇다면 왜 우주배경복사는 흑체 복사 스펙트럼을 나타낼까?

빅뱅 우주에서는 주로 수소와 헬륨, 그리고 아주 소량의 리튬이 만들어지는데 이들은 아직 전자와 결합해서 중성 원자가 되기 이전, 즉 원자핵 상태이다. 우주의 온도가 너무 높아서 운동 에너지가 높은 전자가 핵과 결합하지 못하는 것이다.

이와 같이 전자가 자유로울 때는 우주를 채우고 있던 빛이 전자와 밀접하게 상호 작용을 하기 때문에 직진을 하지 못한다. 우리가 네온사인 뒤에 있는 포스터의 글자를 읽을 수 없는 것도 이 때문이다. 빛이 글자에 반사되어 우리 눈으로 들어와야 읽을 수 있는데, 빛이 네온 원자에서 분리되어서 관을 채우고 있는 전자와 계속 충돌하면서 사방으로 튕기기 때문에 곧장 눈으로 들어오지 못하는 것이다.

우주가 38만 년 동안 팽창해서 우주의 온도가 3천 도 정도까지 떨어지면 드디어 우주를 채우고 있던 전자가 원자핵에 끌려 중성 원자가 만들어진다. 그리고 비로소 빛이 자유롭게 직진할 수 있게 되면서 네온사인처럼 불투명하던 우주가 투명해진다. 이때 우주를 채운 빛은 3천 도에 해당하는 흑체 복사일 것이다. 빛 입자는 물질 입자보다 훨씬 많은데 그 중 극히 일부만 원자와 상호 작용해서 앞에서 선스펙트럼을 다룰 때 보았던 것처럼 특정한 파장의 빛을 내고, 대부분의 빛은 특정한 파장과 관련이 없기 때문에 일반적인 흑체 복사 스펙트럼을 나타낸다.

우주의 나이가 38만 년 정도일 때 우주를 채웠던 가시광선 영역의 빛이 우주가 팽창하면서 파장이 길어져서 현재는 마이크로파로 우주 배경에 깔려 있다. 마이크로파는 이동 통신에 사용하는 전자기파로, 파장이 가시광선보다 훨씬 길어서 눈으로는 볼 수 없다. 1965년에 펜지어스와 윌슨이 우주배경복사를 발견할 때 사용한 안테나는 7센티미터 파장에 고정되어 있었다. 만일 우주배경복사를 마이크로파 전 파장 영역에서 조사했는데 2.7 K에 해당하는 정확한 흑체 복사 스펙트럼이 관찰된다면 빅뱅 우주론은 흔들릴 수 없는 위치를 누리게 될 것이었다.

1989년에 우주배경복사를 정밀하게 측정하기 위해 COBE^cosmic background explorer 위성이 발사되었다. 스펙트럼 조사 결과는 정밀하

게 예상한 2.7 K의 흑체 복사 스펙트럼을 나타냈다. 심지어 측정값
의 오차가 스펙트럼의 모양을 나타내기 위해 그린 선의 굵기보다도
작았다고 한다. 이로부터 우주배경복사의 온도는 2.725 K로 정밀하
게 결정되었고, 이 프로젝트를 맡았던 매더는 2006년에 노벨 물리학
상을 수상했다.

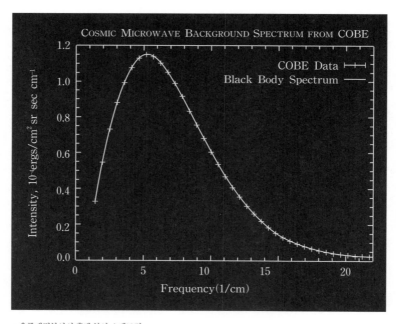

■ 우주배경복사의 흑체 복사 스펙트럼

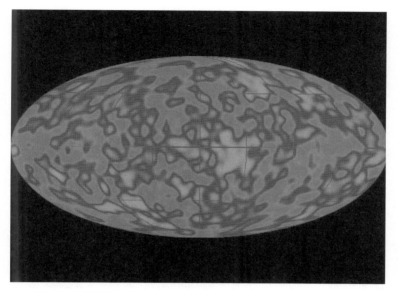

■ COBE 위성이 측정한 우주배경복사

신의 지문

———— 앞에서 이야기한 대로 펜지어스와 윌슨이 발견한
우주배경복사는 우주의 모든 방향으로 일정한 값을 나타냈다. 그러
자 과학자들은 우주배경복사가 우주 전체적으로 완전히 균일할지
아니면 약간의 차이를 나타낼지 의문을 가졌다. 왜냐하면 우주배경
복사가 완전히 균일하다는 것은 초기 우주의 모든 부분의 에너지 밀
도가 완전히 균일하다는 뜻이고, 그렇다면 어느 부분은 별과 은하가

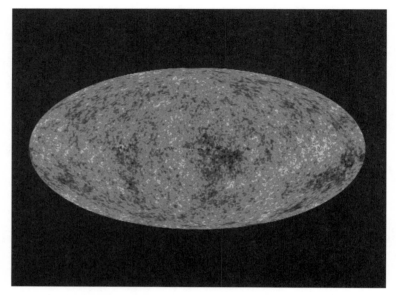

■ WMAP이 측정한 우주배경복사

되고 어느 부분은 빈 공간이 되어 현재 우주의 구조를 만들 수 없기 때문이다. 인간 사회에서도 모든 사람의 개인적 능력과 주위 환경이 완전히 같다면, 그 성장 과정도 같고, 성취도도 같아야 할 것이다.

매더가 COBE 위성으로 우주배경복사의 흑체 복사 스펙트럼을 조사하는 동안 스무트는 우주배경복사의 부위별 차이를 발견했다. COBE 위성으로 얻어낸 결과와 2001년에 발사된 WMAPWilkinson Microwave Anisotropy Probe, 윌킨슨 마이크로파 비등방성 탐사선이 수년 간 측정해

서 얻어낸 보다 정밀한 결과 모두 부위별로 약간의 차이를 나타냈
다. WMAP 결과에서 온도가 높은 부분과 낮은 부분은 모두 온도가
2.725 K이지만 2.7252 K와 2.7253 K 식으로 수만 분의 1 정도의 차
이를 나타낸다. 이것은 우주배경복사가 방향에 따라 2.7 K 정도에서
거의 균등하다는 등방성을 보여 주는 동시에 균등하면서도 미세한
차이가 있다는 비등방성을 보여 주는 것이다.

2.725 K의 만 분의 1은 0.0003 K 정도의 미세한 차이이다. 이것은
5천만 명의 사람에게 평균적으로 2,725만 원씩 나누어 주었을 때 가
장 많이 받은 사람과 가장 적게 받은 사람의 금액 차이가 3천 원에 불
과한 것과 같다. 다시 말해서 가장 적게 받은 사람의 금액이 2,724만
7천 원이고, 가장 많이 받은 사람의 금액이 2,725만 3천 원이다. 인
간 사회에서는 찾아볼 수 없는 평준화가 초기 우주에 적용된 것이다.

우주배경복사의 비등방성은 어떻게 우주에서 별과 은하가 생겨
오늘날 우리가 존재할 수 있게 되었는지를 설명해 주기 때문에 중요
하다. 초기 우주가 완전히 균일했다면 우주가 팽창하면서 식기는 했
겠지만 지금도 균일한 상태를 유지하고 있을 것이다. 그러나 현재의
우주는 별과 은하, 그리고 별과 은하 사이의 빈 공간으로 이루어진
불균일한 우주이다.

물질 밀도가 높은 곳은 중력 작용에 의해 주위에서 물질을 끌어당
겨서 더욱 밀도가 높아지고, 물질 밀도가 낮은 곳은 주위에 물질을

빼앗겨서 밀도가 낮아져 별과 별 사이의, 그리고 은하와 은하 사이의 빈 공간이 된 것이다. 2,725만 원에서 3천 원에 불과했던 차이가 빈익빈 부익부 현상으로 확대된 것과 같은 현상이 우주적으로 일어난 것이다. 지구도 불균일한 우주에서 생겨난 특별한 행성이다.

우주배경복사의 비등방성이 발전해서 현재 우주의 구조를 만드는 데 걸리는 시간으로부터 우주의 나이를 계산할 수 있다. 우주배경복사로부터 구한 우주의 나이는 137.5억 년으로 알려졌다. 오차는 1.1억 년에 불과하다. 우주배경복사 연구를 통해 빅뱅 우주론은 정밀과학이 된 것이다.

우주배경복사의 비등방성이 확인되면서 왜 이러한 미세한 차이가 나타나는지가 우주의 가장 깊숙한 비밀의 하나로 등장했다. 이후 '우주배경복사의 비등방성은 신이 완전히 균일했던 초기 우주를 슬쩍 건드려 놓은 흔적이다. 따라서 신의 지문God's fingerprint이 남아 있는 것이다.' 등의 이야기가 나왔다. 이 이야기는 과학과 종교의 접합을 시도한 것으로 보이는데, 이 비등방성은 앞에서 다룬 하이젠베르크의 불확정성 원리로 설명된다.

우주의 나이가 아주 작았을 때는 미시 세계에 적용되는 불확정성 원리가 우주 전체에 적용된다. 우주의 에너지가 전체적으로 완전히 균일하다는 것은 우주의 부위별로 에너지가 확정된다는 뜻이고, 이것은 불확정성 원리를 깨는 것이 된다. 불확정성 원리는 양자론의 핵심 원리이기 때문에 불확정성 원리에 따라서 에너지가 일정하지 않고 미세한 요동이 있는 것을 양자 요동이라고 한다. 이 양자 요동이 씨앗이 되어서 현재 우주가 되었다니 놀라운 일이다. 스무트는 매더와 함께 2006년에 노벨 물리학상을 수상했다.

결국 우리는 우리가 어디에서 왔는지를 알아보다가 우주 자체의 기원인 빅뱅을 만나게 되었고, 빅뱅 우주에서의 미세한 에너지 차이가 별과 은하로 발전해서 오늘날 우리가 존재할 수 있는 기반이 된 사실까지 알게 되었다.

우주의
인플레이션

───────── 우리의 궁극적 기원인 빅뱅에 대해 한 가지만 더 짚어 보자. 앞에서 우주배경복사에 미세한 차이가 있는 것은 초기 우주에 불확정성 원리가 적용되어 우주의 부위별로 에너지에 차이가 생기기 때문이라고 했다. 그런데 불확정성 원리는 미시 세계에만 적용되는 원리이다. 따라서 불확정성 원리가 과연 초기 우주에 적용될 수 있는지 의문을 가질 수 있다.

이 문제는 1980년에 미국 매사추세츠 공과 대학MIT 교수인 구스 Alan Guth가 제안한 인플레이션 이론이 해결해 주었다. 구스의 이론에

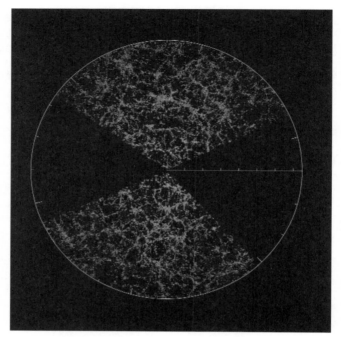

■ 슬로운 디지털 맵

따르면 인플레이션이 일어나면 물가가 급격히 상승하듯이 우주의
크기도 급격히 증가한다. 빅뱅 우주에서는 우주의 나이가 10^{-36}초 정
도일 때 인플레이션이 시작되어서 10^{-33}초에서 10^{-32}초 사이에 우주의
크기가 10^{78}배 정도로 급격히 증가했다고 한다. 그렇다면 인플레이
션이 시작되는 순간, 또는 그 직전의 우주는 불확정성 원리가 적용
되는 미시 세계였다고 볼 수 있다.

또 인플레이션 이론은 우주배경복사가 전체적으로 상당히 균일하다는 관측 사실을 설명한다. 물론 현재 우주에서 은하와 은하 사이에는 엄청난 공간이 있어서 부분적으로 볼 때는 불균일해 보인다. 그런데 이러한 수많은 은하들이 모여 은하군을 이루고, 은하군은 은하단을, 또 은하단은 초은하단의 구조를 이룬다. 그리고 우주 전체적으로 볼 때 은하단은 우주에 골고루 분포하고 있다. 1998년부터 적외선 관측 등을 통해 얻은 슬로운 디지털 맵은 우주의 은하 분포를 보여 주는데, 이 맵을 앞에서 본 WMAP의 우주배경복사 분포와 비교해 보면 두 분포 모두 부분적으로는 차이가 있지만 전체적으로는 유사한 것을 알 수 있다. 초기 우주에서 우주배경복사의 작은 차이가 확대되어 현재 우주의 구조가 되었기 때문이다.

우주가 전체적으로 균일하려면 우주 초기에 우주의 모든 부분에서 에너지의 교환이 일어나서 평형이 이루어져야 한다. 그런데 에너지 교환은 광속보다 더 빨리 일어날 수 없다. 따라서 10^{-36}초 정도의 짧은 시간에 광속으로 우주의 한 쪽 끝에서 다른 쪽 끝까지 에너지 전달이 일어나려면 우주의 크기가 그 짧은 시간에 빛이 진행하는 거리보다 작아야 한다. 만일 우주배경복사가 만 분의 1 정도 차이 이내에서 전체적으로 균일하다면 초기 우주는 에너지 평형이 가능할 정도로 충분히 작았다는 이야기가 된다. 이렇게 작은 우주가 10^{-32}초 정도의 짧은 시간 동안에 급팽창을 하고, 그 이후에는 느리게 팽창해서 현재 우주가 된 것으로 생각된다.

10^{-36}초라면 도저히 상상할 수 없는 짧은 시간이다. 도대체 과학은 빅뱅 이후 어느 정도까지 짧은 시간을 다룰 수 있는 것일까? 물리학에서는 인간이 다룰 수 있는 가장 짧은 단위의 시간을 플랑크 시간이라고 한다. 플랑크 상수와 흑체 복사에서 언급했던 플랑크가 제안한 플랑크 시간은 10^{-43}초에 해당한다. 그리고 이 짧은 플랑크 시간 동안 진공에서 빛이 진행하는 거리를 플랑크 길이라고 한다. 여기에도 불확정성 원리가 적용된다. 우주의 나이가 플랑크 시간보다 작아지면 에너지의 불확정성이 너무 커진다. 우리는 에너지는 보존되고, 따라서 에너지의 총량은 불변이라고 굳게 믿고 있기 때문에 에너지의 불확정성이 너무 커지는 상황은 감당이 안 되는 것이다.

우주의 나이가 플랑크 시간일 때 우주의 밀도는 물의 밀도의 약 10^{96}배, 우주의 온도는 10^{32}도 정도였다고 한다. 우주의 나이가 10^{-43}초 이전에는 우주의 에너지 밀도가 무한대에 접근해서 수학적으로 다룰 수 없게 된다. 플랑크 시간 이전은 인간의 지식이 접근할 수 없는 신의 영역인 것이다.

II

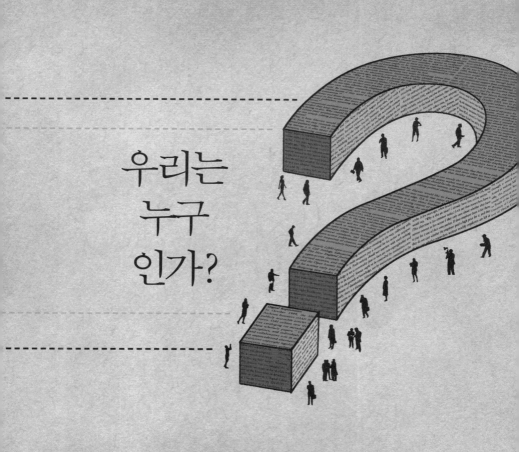

우리는
누구
인가?

외계 생명체와의 대화

1

아레시보
성간 메시지

——————— 137억 년 우주 역사에서 100억 년은 생명을 준비하는 기간이다. 적어도 지구상 생명체에 관해서는 그렇다. 지금부터약 37억 년 전에 단세포 원핵생물이 출현한 이후 단세포 진핵생물에서 다세포 진핵생물로 진화하고, 이어 식물, 동물로 발전한 지구상생명체는 37억 년이 지난 오늘날 드디어 철학적 질문을 던지고, 과학적 대답을 찾는 호모 사피엔스에 이르렀다. 여기에서는 '우리는누구인가?' 라는 철학적 질문에 대한 과학적 대답을 들어 보자.

로마 시대의 정치가이자 장군인 카이사르Gaius Julius Caesar가 역사상 가장 위대한 군사적, 정치적 지도자의 한 사람으로 평가받는 이유 중 하나는 모든 사람이 자신이 보고 싶어 하는 것만을 본다는 점을 꿰뚫은 데 있다고 한다. 자기가 보고 싶어 하는 것만을 보는 인간 사회에서 각자에게 '우리는 누구인가?' 라는 질문을 던진다면 각자의 배경과 관심에 따라 수많은 대답이 나올 것이다. 가장 보편적인 답이 있다면 과연 무엇일까?

SETI는 '지구 밖 지능 탐사' 를 뜻하는 'Search for Extra-Terrestrial Intelligence' 의 약자로 외계인을 찾는 프로젝트의 이름이다. 그 동안 인간은 외계 생명체를 찾기 위해 태양계 내의 행성에 탐사선을 보내 직접 생명체를 찾으려는 시도를 했다. 1976년에 최초로 화성 착륙에 성공한 이후 화성에서의 생명체 흔적에 대한 조사가 이루어졌으며, 최근에는 토성의 위성인 타이탄에 착륙해서 타이탄의 대기를 분석한 결과 46억 년 전에 태양계가 처음 탄생할 당시의 지구 대기와 비슷하다는 것 등을 알아냈다. 그러나 현재까지의 탐사 결과로는 지구 밖의 태양계에 생명체가 존재한다는 것을 밝혀내지 못했다.

태양계 밖으로 신호를 보내서 외계인과 대화를 하려는 시도도 이루어졌다. 1974년에 『코스모스cosmos』의 저자로 잘 알려진 세이건 Carl Sagan의 주도로 메시지를 전파에 실어 외계로 보낸 것이다. 이 메시지는 푸에트리코의 아레시보 전파 천문대에서 별과 별 사이를 헤치고 외계로 보냈다고 해서 아레시보 성간 메시지라고 불린다. 이 메시지는 25,000광년 거리에 있는 M13 구상 성단을 향해 진행하고 있는데, 이제 겨우 약 40광년 거리에 도달했다. M13 구상 성단으로 메시지를 보낸 것은 이 구상 성단에 오래된 별들이 많아서 그 중 하나라도 태양처럼 생명이 진화한 행성을 가졌을 가능성이 높다고 생각했기 때문이다.

혹시 있을지도 모르는 외계 생명체에게 우리가 누구인지를 알리려면 생명에 관해 상당히 보편타당한 내용을 보내야 할 것이다. 아레시보 메시지에는 '우리는 누구인가?' 라는 질문에 대한 과학적 대답이 요약되어 있다. 미국의 소설가 트웨인Mark Twain은 '짧은 편지를 쓸 시간이 없어서 길게 씁니다.' 라고 익살을 부렸다지만 사실 많은 내용을 간단히 요약하기란 쉽지 않은 일이다. 아레시보 메시지는 이진법으로 디지털화해서 나타냈는데, 그 핵심은 다음과 같다.

맨 위에는 오른쪽에서 왼쪽으로 1부터 10까지의 숫자가 이진법으로 적혀 있다. 수를 먼저 적은 것은 갈릴레이가 자연이라는 책이 수학의 언어로 쓰여졌다고 말했듯이 어떤 언어보다도 수가 기본이라고 생각했기 때문이다. 우리가 사용하는 십진법이 아닌 이진법을 사용한 것은 이진법이 보다 기본적이기 때문에 외계인이 다른 진법을 사용한다고 하더라도 이진법을 이해할 가능성이 높기 때문이다.

그 아래에는 생명에 필수적인 다섯 가지 원소인 수소, 탄소, 질소, 산소, 인의 원자 번호인 1, 6, 7, 8, 15가 나온다. 우주는 하나이고,

111

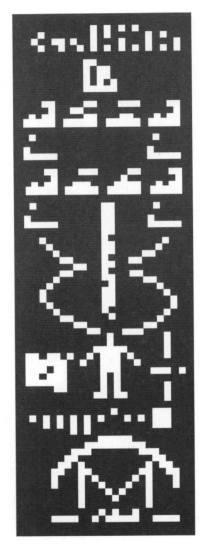

■ 아레시보 메시지

우주의 원소들은 같은 과정을 거쳐서 만들어졌기 때문에 외계 생명체도 결국 이들 원소를 사용하고 있을 것이라는 믿음이 엿보인다.

그 다음에는 지구상 생명체의 DNA에 공통적으로 사용되는 디옥시리보오스, 아데닌adenine, A, 타이민thymine, T, 구아닌guanine, G, 사이토신cytosine, C의 화학식이 표시되어 있다. 이것은 외계 생명체도 이들 네 가지 염기, 또는 이와 유사한 화합물들을 유전 정보 기록에 사용할 것이라는 필연성에 대한 믿음을 보여 주는 것이다.

다음에는 DNA 이중나선의 모양과 인간의 유전 정보 전체를 기록하는 데 필요한 염기쌍이 30억이라는 것을 나타내고 있다. 그 아래로 인간의 모습이 보이고, 인간의 모습 좌우에 현재 지구의 인구 수와 인간의 키를 적어 넣었다.

그 다음에는 오른쪽에서 왼쪽으로 태양과 9개의 행성을 그려 넣었다. 명왕성이 퇴출되기 전이어서 9개의 행성으로 표현되어 있는데, 지금이라면 8개의 행성으로 표현했을 것이다. 이 그림에서 세 번째 행성을 살짝 올려 그려 넣어 우리가 이 행성에서 신호를 보내고 있다는 것을 알려 주려고 했다. 그 아래로는 아레시보 천문대의 모습이 보인다.

이 신호를 받고 그 의미를 파악할 정도의 지능을 가진 생명체가 살고 있다면, 게다가 답신을 보내온다면 정말로 대단한 일이 아닐 수 없다. 혹시 이러한 생명체가 한때 존재했다고 하더라도 이 신호

113

가 도달할 때 이미 멸종되어 그 문명이 사라졌다면 이 신호는 허공을 향한 메아리가 되고 말 것이다. 이제부터 이 메시지의 과학적 내용을 하나씩 짚어나가 보자. 그것이 바로 '우리는 누구인가?'에 대한 과학적 대답이기 때문이다.

도법자연

2

생명의
원소

───────   동양 철학 중에서 자연에 가장 친근한 것은 무위자
연無爲自然으로 대표되는 노자의 철학이 아닐까 생각된다. 노자는 『도
덕경』 42장에서 도생일道生一, 일생이一生二, 이생삼二生三, 삼생만물三生萬
物이라고 했다. 또 노자는 '도'에 대해서 인법지人法地, 지법천地法天, 천
법도天法道, 도법자연道法自然이라고도 했다. 이것은 사람은 땅을 따르
고, 땅은 하늘을 따르고, 하늘은 도를 따르는데, 도는 있는 그대로의
자연을 따른다는 말이다. 즉 '도'로부터 '일'이 생기고, '일'로부터
'이'가 생기고, '이'로부터 '삼'이 생겨서 만물이 되었다는 것이다.

115

물론 노자가 자연 과학의 관점에서 이렇게 말한 것은 아니다. 그래도 모든 진리는 일맥상통하는 점이 있으므로 노자의 말을 현대 과학의 눈으로 풀이하는 것도 의미 있는 일이 될 것이다. 그렇다면 노자의 '도'는 자연의 원리, 우주적 원리로 해석할 수 있을 텐데 도대체 어떤 원리로 만물이, 특히 우리 자신이 만들어졌을까?

아레시보 메시지에 나오는 첫 번째 원소는 원자 번호가 1인 수소이다. 수소는 우리 몸에서 개수로 가장 많은 원소로, 체중의 3분의 2를 차지하는 물만 살펴보아도 물 분자 하나당 산소 원자 하나에 수소 원자는 두 개이다. 이 밖에 단백질, 지방질 등에도 수소가 많이 들어 있다.

수소 다음으로 생명에 필수적인 원소를 원자 번호 순으로 나타내면 탄소, 질소, 산소, 그리고 인이다. 탄소는 탄수화물, 단백질, DNA 등 모든 유기 화합물의 골격을 만드는 원소이며, 질소는 단백질의 단위인 아미노산, DNA의 염기 등의 필수 원소이다. 산소는 수소와 함께 물의 구성 원소일 뿐만 아니라 모든 생체 화합물의 기본 원소로, 우리 몸에서 가장 많은 무게를 차지한다. 또한 산소는 호흡 작용을 통해 우리가 에너지를 얻는 데 필수적이다. 인은 수소, 탄소, 질소, 산소와 함께 DNA에 들어 있는 생명의 핵심 원소로, 생명의 제5 원소라고도 한다.

아레시보 메시지에 생명에 필수적인 다섯 가지 원소를 나타낸 것은 외계 생명체도 이 다섯 가지 원소로 만들어질 수밖에 없을 것이라는 생각을 보여 주는 것이다. 그렇다면 이들 다섯 가지 원소가 언제, 어디에서, 어떻게 만들어졌는가를 파악하는 것은 우리 몸의 원자들의 고향을 알고, 우리가 누구인가를 제대로 이해하는 첫걸음이 될 것이다.

도생일

———————— 우주의 가장 기본이 되는 일은 무엇일까? 이 첫 단추를 잘 꿰어야 그 다음 이야기가 잘 풀릴 것이다.

도생일의 '일'은 '이', '삼', 그리고 '만물'이 될 수 있는 가능성을 내포해야 한다. 그리고 '일'은 이리저리 형태를 바꾸어 가며 만물을 만들지만 총량은 변하지 않는 것이어야 한다. 빅뱅의 순간부터 지금까지 총량이 불변이라고 알려진 것은 에너지밖에 없다. 에너지를 제외하고 우주에서 변하지 않는 것은 없다. 우주의 나이도 증가하고, 우주 공간도 팽창한다. 원자의 수도 변하고, 별과 은하의 수도 변한다. 세계 인구도 변하고, 개인이나 국가의 경제 규모도 변한다. 이처럼 모든 것이 변하는 우주에서 유일하게 에너지만이 형태는 바뀌더라도 총량은 변하지 않는다. 이러한 에너지 불변에 대한 인류의 확고한 믿음 때문에 '우주의 에너지는 일정하다.'라고 요약되는 열역학

117

제1법칙은 과학에서 가장 확실한 법칙의 지위를 차지하고 있다.

에너지energy는 '내부in'를 뜻하는 'en'과 '일'을 뜻하는 'ergon'의 합성어로, 안에 들어 있는 일, 다시 말해 일을 할 수 있는 잠재력을 의미한다.

일을 할 수 있는 능력에는 어떤 것이 있을까? 댐의 상류에 있는 물은 낮은 위치로 떨어지면서 물레방아를 돌리고, 수력 발전을 할 수 있는 위치 에너지를 가지고 있다. 낙차에 의해 위치 에너지가 운동 에너지로 바뀌면, 운동 에너지는 자기장에서 코일을 회전시켜 전기 에너지를 생산할 수 있다. 증기 기관에서 볼 수 있듯이 열도 운동으로 전환될 수 있는 일종의 에너지이다. 석탄이나 석유가 탈 때 열이 나는 것은 탄소와 수소가 높은 화학 에너지를 가지고 있기 때문이다. 광합성을 통해 에너지가 풍부한 탄수화물이 만들어지는 것을 보면 빛도 에너지임을 알 수 있다. 태양이 내는 에너지는 수소가 헬륨으로 융합하면서 질량의 일부가 $E = mc^2$식에 따라 에너지로 바뀐 것이다. 즉 질량 자체가 에너지인 것이다.

도생일에서 '일'을 에너지로 본다는 것은 빅뱅과 함께 우주가 태어날 때 자연이 일정한 양의 에너지를 주고, 이 에너지를 사용해서 우주의 역사를 꾸려갈 계획을 가지고 있었다고 해석할 수 있다. 이 것은 마치 부모가 장기간 여행을 떠나면서 자식들에게 일정한 액수의 돈을 주고, 자신들이 여행을 다녀올 동안 그 돈으로 잘 지내라고 당부하는 것과 비슷하다. 137억 년 우주의 역사는 이 에너지가 여러 가지 다른 형태로 바뀌어 온 역사이다. 이 과정에서 원자가 만들어지고, 별과 은하가 태어나고, 지구상의 생명체가 탄생했다. 우리가 살아가는 것도 에너지 대사의 결과인 것이다.

이제부터 할 일은 우리가 태어나기 위해서는 빅뱅의 에너지가 어떻게 다른 형태로 바뀌어 왔는지 그 핵심을 이해하는 것이다. 단 빅뱅의 에너지가 어디에서 왔는지는 묻지 말자. 그것은 앞에서도 이야기했듯이 종교의 영역이지 과학의 영역은 아니기 때문이다. 노자에게 묻는다면 에너지는 도에서, 더 나아가서는 자연에서 왔다고 답할 것이다. 성경은 태초에 하나님이 천지를 창조하셨다고 말하므로 빅뱅의 에너지는 하나님이 준 것이라고 답할 수 있다.

어쨌든 우주의 에너지는 일정하므로 우주가 팽창하면 단위 부피당 에너지는 작아지고, 우주의 온도는 떨어진다. 따라서 우주 진화의 큰 틀은 빅뱅의 순간에 자연의 기본 원리를 도입하고, 팽창하고 식어가는 우주에서 생명이 태어나기를 기다리는 방식이다. '우리는 누구인가?'라는 질문에 대해 이 단계에서는 우리의 궁극적인 고향은 빅뱅 우주이고, 우리는 우주 에너지의 일부라고 말할 수 있다.

일생이

───────　　빅뱅 우주에서 처음 주어진 에너지는 어떻게 다른 형태로 바뀌었을까? 오늘날 우주 전체의 에너지를 살펴보면, 정체를 알 수 없는 암흑 에너지가 우주 전체 에너지의 약 72%라고 알려져 있다. 암흑 에너지라는 말은 빛을 내거나 흡수하지 않아서 직접 관찰할 수 없다는 의미와 그럼에도 에너지의 일종임에는 틀림없다는 의미를 함께 갖고 있다. 이 암흑 에너지는 우주의 팽창을 가속시킨다고 알려져 있다.

또 다른 에너지에는 암흑 물질이 있다. 암흑 물질도 암흑 에너지와 마찬가지로 빛과 상호 작용을 하지 않아서 직접 관찰하는 것은 불가능하다. 그렇지만 암흑 물질은 암흑 에너지와 달리 물질이기 때문에 질량을 가지고 있어 중력 작용을 나타낸다. 따라서 암흑 물질은 주위의 천체에 미치는 중력 작용을 통해 간접적으로 관찰할 수 있다. 이러한 암흑 물질은 우주 전체 에너지의 약 23%를 차지한다. 암흑 물질과 암흑 에너지를 합하면 우주 전체 에너지의 95%이다. 우리에게 익숙한 보통 물질은 4.6%에 불과한 것이다. 이것은 우리가 아는 것이 전부라고 생각하는 것이 얼마나 짧은 생각인지 보여 준다.

엄밀히 말하면 정체를 잘 모르는 암흑 에너지와 암흑 물질을 제외한 나머지 에너지에는 보통 물질과 질량이 없는 빛이 포함된다. 그런데 현재 우주에는 보통 물질에 비해 빛에너지는 얼마 되지 않는다. 그래서 일반적으로 암흑 에너지와 암흑 물질을 제외한 4.6%의 에너지는 보통 물질이라고 하는 것이다. 우주의 나이가 약 7만 년이 되기 전에는 우주가 높은 에너지의 복사로 가득 차 있어서 전체 에너지 중에서 빛이 가장 우세했다. 이때의 우주를 빛 우세 시대라고 한다. 그러나 우주가 팽창하고 식으면서 빛의 파장이 길어지고 에너지는 낮아져서 물질에게 자리를 내어 주게 되었다. 이때의 우주, 즉 우주의 나이가 약 7만 년부터 약 50억 년 사이를 물질 우세 시대라고 한다. 현재 우주는 암흑 에너지 우세 시대이다.

물질의 에너지는 아인슈타인의 유명한 식, $E = mc^2$으로 주어진다. 여기에서 m은 질량이고 c는 광속이다. c는 3×10^8 m/s로 아주 큰 수이기 때문에 작은 질량이라도 큰 에너지를 가진다. 물질의 에너지는 질량에 비례하므로, c^2을 비례 상수라고 할 수 있다. 일반적으로 수학에서 비례 관계를 나타내는 일차 함수를 $y = ax$식으로 나타내므로, $E = c^2 m$으로 쓸 수도 있다.

빛은 파동의 성질과 입자의 성질을 동시에 가지는데, 빛 입자 한 개의 에너지는 $E = h\nu$로 주어진다. h는 앞에서 언급했던 플랑크 상수이고, ν는 빛의 진동수이다. 빛에너지는 진동수에 비례하는데, 비례 상수가 h인 것이다. 앞에서 다루었던 플랑크 관계에서 $E = h\nu$식의 E는 진동자의 에너지이고, ν는 진동자의 진동수인데, 여기서 E는 빛 입자의 에너지이고, ν는 빛의 진동수인 점이 다르다. 따라서 일생에서 '이'는 에너지의 두 형태인 물질과 빛이라고 볼 수 있다.

'우리는 누구인가?'라는 관점에서 보면 우리는 빛이 아니고 물질이다. 이제 물질에 대해 자세히 알아보자. 질량이 있는 물질은 물질과 반물질로 나눌 수 있다. 물질과 반물질은 질량을 비롯한 다른 모든 성질은 같지만 전하가 반대인 관계이다. 예를 들어 전자는 −1의 기본 전하를 가진 물질 입자인데, 반전자는 전자와 질량이 똑같지만 +1의 전하를 가진다.

그런데 우리 주위의 세계는 물질세계이지 반물질의 세계는 아니다. 그렇다면 구태여 반물질을 이야기할 필요가 있을까? 온도가 아주 높은 빅뱅 우주에서는 짧은 시간 동안 순간적으로 빛이 물질과 반물질로 바뀌고, 또 물질과 반물질이 만나 서로 상쇄되어 빛으로 바뀌는 일이 일어났다. 호킹Stephen Hawking의 『시간의 역사A Brief History of Time』에는 "당신이 당신의 반물질을 만나면 절대로 악수를 하지 말라."라고 되어 있다. 악수를 하는 순간 you와 anti-you가 상쇄되어 빛이 되기 때문이다.

빅뱅 우주에서는 우리가 아직 잘 이해하지 못하는 어떤 이유로 물질이 반물질보다 10억 분의 1 정도 많이 만들어졌다. 다시 말해 반물질 입자가 10억 개 있었다면 물질 입자는 10억 개보다 1개가 더 있었던 것이다. 따라서 이 시점에서의 우주는 물질세계라기보다는 오히려 물질과 반물질의 세계라고 해야 할 것이다. 그런데 10억 개에 해당하는 물질과 10억 개에 해당하는 반물질이 만나면 서로 상쇄되어 10억 개의 빛 입자로 바뀌고 1에 해당하는 물질만 남는다. 마치 10억 1원의 자산이 있고, 10억 원의 부채가 있는데 어느 시점에 부채를 다 갚아버리고 1원이 남은 상황과 같다. 이 얼마 안 되는 남은 물질이 현재의 우주를 물질의 우주로 만든 것이다. 별과 은하뿐만 아니라 태양, 지구, 그리고 우리 몸도 모두 물질이다.

모든 물질은 쿼크quark라고 불리는 무거운 입자들과 렙톤lepton이라고 불리는 가벼운 입자들로 나눌 수 있다. 쿼크와 렙톤은 각각 6종류가 있는데, 이 중에서 우리 몸을 포함해서 우리 주위의 물질을 만드는 데 사용되는 것은 쿼크 중에서는 업쿼크up quark와 다운쿼크down quark, 렙톤 중에서는 전자electron뿐이다. 업쿼크와 다운쿼크는 양성자proton와 중성자neutron를 만들어서 생명에 필수적인 수소, 탄소, 산소 등의 원소를 만드는 데 중요하다. 그리고 전자는 원자들 사이의 화학 결합을 이루어서 우리 몸을 포함해서 만물을 만드는 데, 또 화학 결합을 통해 만들어진 분자들이 서로 힘을 미쳐서 지각, 해양, 대기 등 생명의 환경을 만드는 데 중요하다.

전자 이외에 또 하나의 중요한 렙톤에는 중성미자neutrino가 있다. 전기적으로 중성이면서 매우 작은 입자인 중성미자는 태양에서 일어나는 핵융합 과정에서 엄청나게 많은 양이 방출되기 때문에 이 순간에도 손톱만한 부위에 수억 개씩 우리 몸을 통과한다고 한다. 매

순간 우리 몸에 업쿼크, 다운쿼크, 전자와 함께 중성미자가 들어 있는 셈이다.

그렇다면 6종류의 쿼크와 6종류의 렙톤, 모두 12종류의 입자 중에서 나머지 8종류는 어디에 있는가라는 의문이 생긴다. 참, 스트레인지, 톱, 바텀이라고 불리는 4종류의 쿼크와 뮤온, 뮤온뉴트리노, 타우, 타우뉴트리노라고 불리는 4종류의 렙톤은 빅뱅 우주에서 만들어졌다가 순간적으로 사라져서 현재 우주에는 남아 있지 않다. 물론 빅뱅 우주에서 이러한 쿼크와 렙톤들이 만들어질 때 이들의 반입자도 만들어졌다. 이들 입자들은 거대한 입자 가속기를 이용한 실험을 통해 그 존재가 확인되었다.

순간적으로 사라질 것이라면 우주는 무엇 때문에 불필요한 쿼크와 렙톤들을 만들었을까 하는 생각이 들 수도 있다. 자연의 기본 원리 중에는 대칭성의 원리가 있다. 대칭성의 원리에 따라 6종류의 쿼크와 6종류의 렙톤이 만들어지고, 그 중에서 2종류의 쿼크와 2종류의 렙톤이 현재 우주에서 중요한 역할을 맡고 있다고 볼 수 있다.

쿼크라는 말은 아일랜드의 소설가 조이스James Joyce의 소설 『피네간의 경야Finnegan's Wake』에 등장하는데, 1960년 대 초에 겔만Murrey Gell-Mann이 쿼크를 제안할 때 이 소설에 나오는 'three quarks for muster Mark' 라는 대목에서 이름을 따왔다고 한다. 이 때문에 조이스는 소설가로서는 유일하게 유명한 과학 논문에 인용되고 있다.

그렇다면 가장 중요한 렙톤인 전자를 발견한 과학자는 누구일까? 전자는 1897년에 영국의 과학자 톰슨Joseph John Thomson이 발견했다. 당시 톰슨은 영국 케임브리지의 캐번디시 연구소의 3대 소장을 역임하고 있었는데, 금속 전극에서 튀어나오는 입자가 가장 가벼운 수소 원자보다 1,000배 정도 가벼운 것을 발견했다. 원자 내부에 원자보다 작고 가벼운 입자, 즉 전자가 있다는 것을 처음 발견한 것이다. 전자가 발견된 것은 빅뱅 우주에서 쿼크와 렙톤이 만들어지고 나서 137억 년 후의 일이다.

한편 톰슨이 연구 소장으로 있었던 캐번디시 연구소는 과학의 역사에서 획기적인 발견을 가장 많이 이룬 연구소로 손꼽힌다. 이곳은 수소를 발견한 캐번디시Henry Cavendish의 후대 친척이 낸 기금으로 세워졌는데, 전기와 자기를 통합한 것으로 유명한 맥스웰James Maxwell이 초대 소장을 역임했다. 2대 소장인 레일리Lord Rayleigh는 아르곤을 발견해서 1904년에 노벨 물리학상을 수상했다. 특히 톰슨의 제자 중에서만 8명의 노벨상 수상자가 나왔다. 톰슨에 이어 소장이 된 러더퍼드는 원자핵과 양성자의 발견으로 스승의 뒤를 이었다. 지금까지 캐번디시 연구소는 톰슨의 아들인 조지 톰슨George Thomson을 포함해서 30여 명의 노벨상 수상자를 배출했다.

캐번디시 연구소에서 이루어진 가장 유명한 발견은 DNA 이중나선 구조라고 할 수도 있다. 20세기 중반에 이르러 생명 현상과 관련된 물질을 X선 회절과 같은 물리적 방법으로 연구할 수 있게 되면서 캐번디시의 연구 방향도 바뀌게 되었고, 왓슨James Watson과 크릭 Francis Crick에 의해 DNA의 이중나선 구조가 발견되면서 빛을 본 것이다. DNA 이중나선에 대해서는 뒤에서 자세히 다루기로 한다.

'우리는 누구인가?' 라는 질문에 대한 이 단계에서의 답은 '우리는 쿼크와 렙톤으로 이루어진 존재이다.' 가 될 것이다.

이생삼

우리는 앞에서 에너지로부터 우리 몸에 들어 있는 쿼크와 렙톤, 구체적으로는 업쿼크, 다운쿼크, 전자가 만들어진 것을 알아보았다. 사실 지구상의 오대양, 육대주, 공기, 그리고 지구 내부의 맨틀과 철로 이루어진 핵 모두가 궁극적으로는 업쿼크, 다운쿼크, 전자로 만들어진 것이다. 태양과 태양계의 모든 행성들도 마찬가지이다. 우리 은하의 약 천억 개의 별들도, 별과 별 사이의 성간물질도, 또 우주를 구성하는 약 천억 개의 은하들도 예외는 아니다. 따라서 암흑 물질과 암흑 에너지를 제외한 보통 물질은 예외 없이 업쿼크, 다운쿼크, 전자로 만들어졌다고 볼 수 있다.

그런데 일반적으로 물질세계는 무엇으로 이루어졌는가라는 질문에 대해 모든 물질은 원자로 이루어졌고, 원자는 다시 원자핵에 자리 잡은 양성자와 중성자, 그리고 핵 바깥쪽에 자리 잡은 전자로 이루어졌다고 한다. 이것은 인간이 물질을 바깥쪽에서 안쪽으로 들어가면서 조사하고 연구해 왔기 때문에 원자를 먼저 알게 되었고, 그 다음에 양성자, 중성자, 전자를 알게 되었기 때문이다.

인간이 원자를 파악한 것이 약 200년 전이라면, 양성자, 중성자, 전자를 파악한 것은 약 100년 전이고, 양성자와 중성자를 구성하는 쿼크를 파악한 것은 불과 50년 전이다. 그렇다면 쿼크와 렙톤의 '이'로부터 양성자, 중성자, 전자의 '삼'이 나타나는 이생삼의 과정을 이해하는 것은 현대 과학의 중요한 부분이며, 우주 역사의 주춧돌에 해당하는 기본 원리를 파악하는 일이라고 할 수 있다.

업쿼크와 다운쿼크에서 양성자와 중성자가 만들어지는 과정을 이해하려면 쿼크의 몇 가지 중요한 특성을 알아야 한다.

쿼크에 관해서 특기할 만한 것 중 첫 번째는 크기이다. 사람의 크기는 1미터 정도인데, 1미터를 10만 분의 1로 쪼개어 10^{-5}미터0.00001미터, 10마이크로미터가 되면 대략 세포의 크기가 된다. 그리고 10^{-5}미터를 다시 10만 분의 1로 쪼개어 10^{-10}미터0.1나노미터, 1옹스트롬가 되면 수소 원자의 크기가 된다. 그리고 10^{-10}미터를 다시 10만 분의 1로 쪼개어 10^{-15}미터1펨토미터가 되면 양성자와 중성자의 크기가 된다. 10^{-15}미터는 이탈리아 출신의 미국 핵물리학자 페르미Enrico Fermi의 이름을 따서 1페르미라고도 한다.

페르미는 간접적이기는 하지만 우리와도 관계가 깊다. 우라늄처럼 불안정한 방사성 동위원소에 중성자를 충돌시키면 핵분열이 일어나는데, 이때 막대한 에너지가 나온다. 이 에너지를 어떻게 사용하는가에 따라 핵발전을 할 수도 있고, 핵폭탄을 만들 수도 있다. 그런데 어느 경우에도 핵분열의 속도를 조절할 필요가 있다. 페르미는 중성자의 속도를 조절하는 방법으로 핵분열을 지속적으로 일어나게 함으로써 핵에너지를 실용적으로 사용하는 길을 열었다.

미국으로 망명해서 뉴욕의 컬럼비아 대학교에서 연구하던 페르미는 제이 차 세계 대전 중 핵폭탄을 개발하는 맨해튼 프로젝트의 핵심 역할을 맡았다. 이후 핵 실험의 안전을 위해 인구가 많은 뉴욕에서 미국 중부의 시카고로 연구소가 옮겨가면서 54세의 나이로 죽을 때까지 시카고 대학교의 교수를 역임했다. 한편 1942년에 성공한 자체적으로 유지되는 핵반응 때문에 핵폭탄이 만들어졌고, 그 덕분에 우리나라는 1945년에 해방을 맞았다.

페르미는 이론과 실험 모든 면에서 뛰어난 물리학자로 손꼽힌다. 현재 시카고 대학교에는 그를 기념한 엔리코 페르미 연구소가 있으며, 미국의 최대 입자 가속기를 보유한 국립 연구소의 명칭도 페르미 국립 가속기 연구소이다. 또 인공 원소의 하나인, 원자 번호가 100인 원소는 페르뮴fermium이라고 명명되었다.

1페르미 크기의 양성자와 중성자에는 각각 쿼크가 3개씩 들어 있다. 따라서 쿼크의 크기를 대략 1페르미 정도라고 생각하기 쉽다. 그리고 앞에서 매 단계에서 크기가 10만 분의 1씩 줄었으므로 쿼크의 크기를 10^{-20}미터라고 생각할 수도 있다. 그러나 쿼크는 크기가 없는 점 입자로 간주된다. 쿼크는 한 점에서 출발해서 팽창하는 우주의 아주 초기에, 즉 우주의 나이가 10^{-34}초 정도일 때 생겼는데, 그때 우주는 아주 작았을 것이다. 우주에는 천억10^{11}개 정도의 은하가 있고, 은하에는 평균적으로 천억 개 정도의 태양과 같은 별이 있다고 하면, 태양의 크기와 밀도로부터 우주의 쿼크 수는 10^{81} 정도로 추산할 수 있다. 그런데 이때 하나하나의 쿼크가 유한한 크기를 가진다면 10^{81} 정도의 쿼크가 차지하는 부피는 우주의 나이가 10^{-34}초 정도일 때 우주의 크기보다 커지는 모순이 생긴다. 이 때문에 쿼크를 크기가 없는 점 입자로 보는 것이다.

양성자와 중성자는 10^{-15}미터의 유한한 크기를 가지므로, 양성자와 중성자에 각각 3개씩 들어 있는 쿼크를 점으로 보는 것은 이해하기 어려운 매우 특이한 상황이다. 이것은 양성자와 중성자를 지구만한 크기라고 가정했을 때 지구는 텅 비어 있고, 지구 전체 부피에 쿼크에 해당하는 강아지 세 마리가 돌아다니고 있는 것과 비슷하다. 그렇다면 양성자와 중성자는 속이 텅 비어 있다고 볼 수 있는데, 원자와 마찬가지로 바깥에서 볼 때는 양성자와 중성자도 딱딱한 입자로 느껴진다. 우리의 상식과는 맞지 않는 이 상황은 뒤에서 살펴볼

쿼크 사이에 작용하는 힘을 통해 이해할 수 있다.

두 번째 중요한 쿼크의 성질은 전하이다. 업쿼크의 전하는 $+2/3$
이고, 다운쿼크의 전하는 $-1/3$이다. 우주의 나이가 10^{-34}초 정도일
때, 즉 업쿼크와 다운쿼크가 처음 생겼을 때는 왜 이들이 이러한 전
하를 가지고 있는지 이해가 안 되었을 것이다. 그런데 시간이 흘러
우주의 나이가 10^{-6}초 정도 되었을 때 드디어 그 이유를 알게 된다.
업쿼크 두 개와 다운쿼크 한 개가 조합을 이루어 전하가 $+1$인 양성
자가 되고, 업쿼크 한 개와 다운쿼크 두 개가 조합을 이루어 전하가
0인 중성자가 된 것이다. 따라서 업쿼크와 다운쿼크가 양성자와 중
성자보다 더 기본 입자라고 할 수 있다. 업쿼크의 전하가 $+2/3$, 다
운쿼크의 전하가 $-1/3$이 아니라면 업쿼크와 다운쿼크의 간단한 조
합으로 전하가 $+1$인 양성자와 전하가 0인 중성자가 만들어질 수 없
었을 것이다.

양성자와 중성자가 만들어진 10^{-6}초는 업쿼크와 다운쿼크가 만들
어진 10^{-34}초의 10^{28}배, 즉 100조의 100조 배나 되는 시간이다. 10^{-34}
초를 1초로 환산하면 10^{-6}초는 우주의 나이에 10^{10}을 곱한 엄청난 시
간이다. 말하자면 1초 걸려서 전하가 $+2/3$인 업쿼크와 $-1/3$인 다운
쿼크를 만들었는데, 우주의 나이보다 긴 시간이 지나서야 왜 이러한
전하가 필요했는지 그 비밀이 드러난 셈이다. 그리고 보면 쿼크의
전하는 우주의 가장 깊숙한 비밀의 하나라고 할 수 있다. 그런데 양

성자와 중성자가 만들어지고 나서도 왜 전하가 0인 중성자가 필요한 지는 이해할 수 없는 상태이다. 중성자의 존재 이유를 알려면 더 기다려야 하는 것이다. 이 부분은 뒤에서 살펴보기로 하자.

세 번째로 중요한 쿼크의 성질은 쿼크 사이에 작용하는 힘의 특성이다. 이 힘의 특성 때문에 크기가 없는 점 입자 세 개가 모여서 10^{-15} 미터의 유한한 크기를 가지는 양성자와 중성자가 된 것이다. 이것은 쿼크 사이에 작용하는 강한 핵력이라는 힘이 중력이나 전자기력과는 전혀 다르기 때문이다. 중력이나 전자기력은 거리의 제곱에 반비례한다$\propto 1/r^2$. 다시 말해 거리가 두 배가 되면 힘은 4분의 1로 줄고, 거리가 10배가 되면 힘은 100분의 1로 줄어든다. 그러나 아무리 먼 거리에서도 결코 0이 되지는 않는다.

이와 달리 쿼크들이 서로 가까이 있을 때는 강한 핵력이 전혀 작용하지 않아서 쿼크들이 자유롭게 움직인다. 그래서 바깥에서 볼 때는 쿼크가 양성자와 중성자 내부 어디에나 있는 것처럼 느껴진다. 그런데 쿼크 사이의 거리가 1페르미가 되면 전자기력보다 100배 정도 센 강한 핵력이 작용해서 쿼크들을 붙잡는다. 쿼크가 1페르미 이내의 거리에 들어오면 쿼크 사이의 힘이 사라져서 다시 자유롭게 돌아다니게 된다. 그래서 쿼크들은 양성자와 중성자를 벗어나지 못하고, 세 개의 쿼크가 모여 양성자와 중성자의 크기가 되는 것이다. 만일 강한 핵력이 10^{-15}미터 이내의 거리에서도 작용하고 더구나 쿼크들이 가까워질수록 힘이 강하게 작용한다면 세 개의 쿼크는 한 점으로 모여 10^{-15}미터 크기의 양성자나 중성자가 만들어질 수 없을 것이다.

또 10^{-15}미터 이상의 거리에서는 강한 핵력이 1페르미 이내에서와 마찬가지로 0이 된다. 그렇지 않다면 모든 쿼크들이 강한 핵력으로 뭉쳐버리고, 하나하나의 양성자와 중성자가 존재할 수 없을 것이다.

이러한 강한 핵력의 특징을 어떻게 설명하면 좋을지 고심하던 중에 동네 가게 앞에서 재미있는 광경을 보게 되었다. 귀엽게 생긴 강아지 두 마리가 길에서 놀고 있었는데, 이 두 강아지가 3미터 정도 길이의 끈으로 서로 묶여 있었다. 그런데 이 두 강아지는 묶여 있는 대부분의 시간 동안 3미터 길이 이내에서 놀고 있었기 때문에 자기들이 묶여 있다는 것을 모르는 것 같았다. 그러다가 두 강아지 사이의 거리가 끈의 길이에 달하면 갑자기 힘이 작용해서 두 강아지를 붙잡아 주어 다시 3미터 이내의 거리를 유지했다. 물론 끈이 끊어져서 두 강아지 사이의 거리가 끈의 길이를 벗어나면 힘이 작용하지 못해 강아지들은 자유로워질 것이다.

지구만한 부피에 강아지 세 마리가 있는데, 이 세 마리를 묶어 놓은 끈의 길이가 지구의 지름 정도라고 생각해 보자. 이 경우 강아지들이 바쁘게 지구를 누비고 다니는 한, 밖에서 볼 때 지구는 꽉 차 있는 것처럼 느껴질 것이다. 물론 실제 강아지는 이러한 에너지가 없지만 쿼크는 매우 작은 대신 엄청난 속도를 가지고 양성자와 중성자 내부를 돌아다닌다. 이렇게 해서 업쿼크와 다운쿼크로부터 양성자와 중성자가 만들어지는 동안 렙톤의 일종인 전자는 그대로 남아 있다.

따라서 '우리는 누구인가?'라는 질문에 대한 이 단계에서의 답은 '우리는 양성자, 중성자, 전자로 이루어진 존재이다.'가 될 것이다.

삼생만물

──────   양성자, 중성자, 전자가 만들어진 이생삼의 단계에서 원소의 입장에서는 수소만 만들어졌다고 볼 수 있다. 양성자가 바로 수소의 원자핵이고, 양성자가 전자와 결합하면 수소 원자가 되기 때문이다. 그런데 수소만으로는 만물이 될 수 없다. 만물은 고사하고 우리 몸의 물만 보아도 수소 외에 산소가 필요하기 때문이다. 따라서 삼생만물의 첫 단계는 양성자와 중성자로부터 탄소, 산소 등 무거운 원소가 만들어지는 것이다. 그리고 천리 길도 한 걸음부터라고, 무거운 원소를 만드는 첫걸음은 원자 번호 1인 수소 다음의 원소, 즉 원자 번호 2인 헬륨을 만드는 것이다.

앞에서 업쿼크가 +2/3의 전하를, 다운쿼크가 -1/3의 전하를 가지고 태어난 것은 간단한 조합을 통해 양성자와 중성자를 만들기 위해서라고 했는데, 아직은 왜 전하가 +1인 양성자와 전하가 0인 중성자가 필요한지는 알 수 없다.

1953년에 시카고 대학교의 대학원생이었던 밀러Stanley Miller는 박사 학위 논문 실험을 통해 태초의 지구에서 생명에 필수적인 아미노산이 만들어질 수 있다는 것을 보여 주었다. 밀러는 이 실험에서 수소, 메테인, 암모니아, 물을 반응물로 사용해서 간단한 아미노산을 합성했다. 밀러가 반응물로 사용한 네 가지 물질에 공통적으로 들어 있는 수소의 원자핵에는 양성자가 한 개 있는데, 이를 통해 중성자 없이 양성자만 있어도 수소는 만들어질 수 있다는 것을 알 수 있다. 그런데 탄소, 질소, 산소의 원자핵에는 양성자가 각각 6, 7, 8개씩 있을 뿐만 아니라 양성자와 같은 개수의 중성자가 들어 있다. 따라서 수소보다 무거운 원소가 되려면 중성자가 필요하다는 것을 짐작할 수 있다. 이제부터 강한 핵력의 특성을 통해서 무거운 원소에서 중성자의 역할을 알아보자.

자연이 수소와는 다른 재료를 사용하고 다른 원리를 도입해서 무거운 원소들을 만들었다면 중성자가 필요 없었을지도 모른다. 그러나 자연은 이미 만들어 놓은 양성자를 하나씩 뭉쳐서 무거운 원소를 만드는 체계적인 방법을 사용한다.

일단 헬륨이 만들어지려면 양성자 두 개가 융합해야 한다. 그런데 전하가 +1인 양성자 사이의 거리가 멀면 반발력이 약하지만, 충돌 직전에 양성자 사이의 거리가 거의 0이 되면 양성자 사이의 전기적 반발력이 거의 무한대로 치솟으면서 양성자 두 개가 다시 멀어질 것이다. 이 때문에 두 개의 양성자만으로 이루어진 입자는 존재하지 않는다.

그렇다면 양성자 두 개를 가지고 있는 헬륨 원자핵은 어떻게 만들어졌을까? 앞에서 이야기한 대로 수소보다 무거운 원소를 만들기 위해서는 중성자가 필요했을 것이다. 그렇다면 먼저 양성자를 한 개 가지고 있는 수소 원자핵에 중성자가 어떤 방식으로 결합할 수 있는지 알아보자.

양성자와 중성자가 충돌할 때는 반발력이 없다. 중성자의 전하가 0이기 때문이다. 그렇다고 해서 양성자와 중성자가 전기적으로 결합할 이유도 없다. 그런데 양성자와 중성자가 접근해서 양성자 내부의 쿼크와 중성자 내부의 쿼크 사이의 거리가 1페르미가 되면 갑자기 1페르미 거리에서만 작용하는 강한 핵력에 의해 양성자와 중성자가 결합하게 된다. 이렇게 만들어진 새로운 입자를 무거운 수소라는 의미에서 중수소deuterium라고 한다. 중수소는 1931년에 밀러의 지도 교수인 유리Harold Urey가 발견했고, 유리는 이 업적으로 1934년에 노벨 화학상을 받았다.

중수소는 양성자가 한 개이므로 원소의 입장에서는 원자 번호가 1인 수소이다. 그런데 양성자와 질량이 비슷한 중성자가 추가로 한 개 들어 있기 때문에 수소보다 두 배 정도 무겁다. 양성자 수와 중성자 수의 합을 질량수라고 하고, 원자 번호는 같고 질량수는 다른 입자를 주기율표에서 같은 위치에 자리 잡는다는 뜻에서 동위원소iso-tope라고 하므로, 중수소는 보통 수소의 동위원소인 것이다.

이제 중수소 두 개가 뭉친 경우를 생각해 보자. 이때도 두 개의 양성자 사이에는 전기적 반발력이 작용한다. 그러나 양성자 사이의 전기적 반발력보다 양성자의 쿼크와 중성자의 쿼크 사이에 작용하는 강한 핵력이 훨씬 강하기 때문에 각각의 양성자는 두 개의 중성자에 의해 강하게 붙잡혀 있게 된다. 예를 들어 어느 가정에 두 명의 아들이 있는데 서로 싸우고 집을 뛰쳐나가려고 한다고 하자. 이때 두 아들 사이에 아버지와 어머니가 끼어들어서 양쪽에서 강하게 잡아 준다면 핵가족nuclear family이 가능해질 것이다. 단 이때 부모의 사랑이 두 아들 사이의 반발력보다 강해야 한다. 다시 말해 양성자의 쿼크와 중성자의 쿼크 사이에 작용하는 강한 핵력에 의해 우주에서 두 번째 원소인 헬륨이 만들어질 수 있는 것이다. 그리고 보면 무거운 원소를 만들기 위해 중성자가 태어났고, 중성자가 태어나기 위해서 업쿼크와 다운쿼크가 +2/3와 –1/3의 전하를 가지고 태어났다고 해도 과언이 아니다.

빅뱅 우주에서 업쿼크와 다운쿼크가 태어난 후 양성자와 중성자가 만들어지고, 두 번째 원소인 헬륨이 만들어지기까지는 대략 3분이 걸렸다고 한다. 빅뱅 우주에서 수소의 탄생 못지않게 헬륨의 탄생도 중요한데, 양성자가 2개인 헬륨이 만들어져야 나중에 양성자가 6개인 탄소, 7개인 질소, 8개인 산소가 만들어져서 메테인, 암모니아, 물 등이 만들어지고 궁극적으로 생명이 탄생할 가능성이 보이기 때문이다.

빅뱅 우주는 급격히 팽창하는 우주이기 때문에 온도와 밀도가 급격히 떨어져서 더 이상 핵 합성이 일어나지 못한다. 온도가 떨어지면 입자들의 운동 에너지가 떨어져서 양전하 사이의 반발을 극복하기 어렵고, 밀도가 떨어지면 입자들 사이의 거리가 멀어져서 충돌 확률이 낮아지기 때문이다. 빅뱅 우주에서 처음 3분 사이에 이루어진 핵 합성의 결과로 우주에 수소와 헬륨이 3 : 1의 질량비로 존재하게 되었다. 헬륨이 수소보다 4배 무거우므로 수소와 헬륨의 개수비는 12 : 1에 해당한다.

우주의 팽창이 조금만 느렸어도 수소가 모두 헬륨으로 바뀌어서 나중에 메테인, 암모니아, 물 등을 만들지 못하고, 생명이 탄생하지 못했을 것이다. 반대로 우주의 팽창이 조금만 빨랐어도 헬륨이 만들어지지 못해서 나중에 중력 작용으로 별과 은하가 태어나고 별의 내부에서 탄소, 질소, 산소 등이 만들어지는 과정이 지금과 달라졌을 것이다. 그리고 아직도 우주에 생명이 탄생하지 못했을 지도 모른다.

아레시보 메시지에 나오는 다섯 가지 원소의 원자 번호를 볼 때 우리는 수소, 탄소, 질소, 산소, 인의 중성 원자를 떠올리게 된다. 왜냐하면 이들 원자가 화학 결합을 통해 그 다음에 나오는 네 가지 염기와 DNA, 나아가서 우리 몸을 만들기 때문이다.

사실 물질로서의 인간을 다룰 때 어느 수준에서 보는가에 따라 다양한 관점이 있을 수 있다. 과학에서 물질을 다루는 적절한 기본 단위는 원자이다. 천재 물리학자로 잘 알려진 파인만Richard Feynman은 어떤 대재앙이 닥쳐서 우리가 과학적 지식을 다 잃어버리는 상황이 되었을 때 단 한 가지 지식만을 지킬 수 있다면 자신은 '원자'라는 개념을 택하겠다고 말했다고 한다. 원자를 알고 있으면 원자들이 결합한 분자도, 분자들이 모여서 이루어진 세포도, 세포로 이루어진 생명체도 하나하나 파악해 나갈 수 있을 것이다. 또 원자를 알고 있으면 원자를 구성하는 원자핵과 전자를, 또 원자핵을 구성하는 양성자와 중성자를, 더 나아가서는 양성자와 중성자를 구성하는 쿼크를 연구할 수도 있을 것이다.

빅뱅 우주에서 처음 3분 사이에 만들어진 수소와 헬륨은 아직 전자가 결합하지 않은 원자핵 상태이다. 이때는 우주의 온도가 수억 도에 달하기 때문에 −1의 전하를 가진 전자의 운동 에너지가 너무 높아서 +1의 전하를 가진 양성자, 또 +2의 전하를 가진 헬륨 원자핵에 결합하지 못하는 것이다. 한편 처음 3분에는 원자가 존재한 적이 없기 때문에 원자핵이라고 말하는 것은 모순적이다. 원자핵이라는 말은 원자가 먼저 발견되고 나서 1911년에 러더퍼드가 원자에서 그 중심에 자리 잡은 작고 단단한 핵을 발견한 후 붙인 이름이기 때문이다. 우리 몸에 들어 있는 원자는 대부분 중성 원자가 다른 원자와 결합한 상태로 존재한다. 따라서 삼생만물에서 중성자 역할 다음으로 중요한 단계는 중성 원자가 만들어지는 것이라고 할 수 있다.

중성 원자가 만들어지려면 우주의 나이가 38만 년 정도 되어 우주의 온도가 3천 도까지 내려가야 한다. 이때 운동 에너지를 잃은 전자가 양전하를 가진 수소와 헬륨의 원자핵에 붙잡혀서 중성 원자를 만든다. 양성자가 한 개의 전자와 결합하면 수소 원자가 되지만, 양성자가 두 개 있어서 +2의 전하를 가진 헬륨 원자핵은 두 개의 전자와 결합해야 원자가 된다.

나중에 중성 원자에서 전자가 떨어져 나가면 양전하를 가진 이온이 된다. 수소 원자는 전자가 한 개밖에 없기 때문에 수소 원자에서 전자가 떨어져 나가면 바로 수소 원자핵인 양성자가 된다. 즉 수소 이온H^+이 양성자인 것이다.

헬륨 원자는 전자가 두 개이므로 전자가 한 개 떨어져 나가면 전하가 +1인 헬륨 이온He^+이 되고, 나머지 남은 한 개의 전자가 떨어져 나가면 전하가 +2인 헬륨 이온He^{2+}, 즉 헬륨 원자핵이 된다. 전자가 두 개인 헬륨 원자는 화학적으로 안정해서 다른 원자와 결합하지도 않고, 쉽게 이온이 되지도 않는다. 그러나 온도가 높은 별의 내부에서는 헬륨이 He^{2+} 상태로 존재하고, 온도가 낮은 별 표면 가까이에는 He$^+$ 상태로 존재한다.

중성 원자가 만들어진 것은 우주와 생명의 역사에서 중요한 의미를 가진다. 우주 공간에서 수소H2, 메테인CH4, 암모니아NH3, 물H2O 등의 분자들은 모두 수소, 탄소, 질소, 산소 등의 중성 원자가 결합해서 만들어지기 때문이다. 또 수소, 메테인, 암모니아, 물 등 간단한 분자들이 모여 만들어진 아미노산도 중성 원자들의 화학 결합으로 이루어진다. 사람 몸에는 10^{28}개 정도의 화학 결합을 이룬 원자들이 있다.

쿼크와 전자로부터 원자가 만들어지는 과정을 돌이켜 보면 가장 기본적인 입자인 쿼크와 전자는 1세대, 쿼크의 조합으로 만들어진 양성자와 중성자는 2세대, 양성자와 중성자의 조합인 헬륨 원자핵은 3세대, 원자핵에 전자가 결합한 중성 원자는 4세대 입자라고 볼 수 있다.

원자 번호가 1인 수소는 빅뱅 우주에서 만들어졌다. 그렇다면 아레시보 메시지에 나오는 탄소, 질소, 산소, 그리고 인은 언제, 어디서, 어떻게 만들어졌을까?

앞에서 살펴본 대로 빅뱅 후 우주가 팽창하면서 처음 몇 분 사이에 수소와 헬륨 핵이 만들어지고, 38만 년 후에 이들이 전자와 결합해서 중성 원자가 만들어졌다. 이후에도 우주는 계속 팽창해서 온도는 내려가고, 원자들 사이의 거리는 멀어져 갔다. 그러다가 주위보다 밀도가 약간 높은 부분은 중력 작용으로 주위에서 물질을 끌어당겨 밀도가 더 높아지고, 물질을 빼앗긴 부분은 밀도가 더 낮아졌다.

중력 수축에 의해 밀도가 어느 정도 올라가면 수소와 헬륨 가스의 구름이 형성되고 중심 온도가 올라간다. 밀도가 올라갈수록 중력 수축이 가속화되면서 가스 구름으로부터 원시별이 태어난다. 원시별의 중심 온도가 천만 도 정도에 이르면 수소가 헬륨으로 융합되는 핵융합 반응이 일어나 별이 된다. 이와 같이 별의 중심부에서 수소의 핵융합 반응이 일어나고 있는 단계의 별을 주계열성main sequence star이라고 한다. 태양은 대표적인 주계열성이다. 태양은 약 46억 년 전에 100억 년 동안 융합할 수소를 가지고 태어났다.

별에서 일어나는 수소 핵융합 반응의 반응물은 네 개의 양성자이고, 생성물은 두 개의 양성자와 두 개의 중성자로 이루어진 헬륨 핵이다. 수소 핵융합 반응을 통해서 두 개의 양성자가 두 개의 중성자로 바뀐 것이다. 빅뱅 우주 초기에는 양성자와 함께 중성자가 풍부했기 때문에 그 중성자를 사용해서 반발하는 양성자를 묶어 헬륨을 만들었다. 그런데 수억 년 후 별이 태어날 때에는 중성자가 모두 사라지고 없어 양성자로부터 중성자를 만들어 가면서 핵융합이 일어나는 것이다.

그렇다면 빅뱅 우주에서 풍부했던 중성자는 모두 어디로 사라진 것일까? 처음 쿼크로부터 양성자와 중성자가 만들어질 때 다운쿼크가 업쿼크보다 무겁기 때문에 양성자보다 중성자의 질량이 약간 더 컸다. 그런데 $E=mc^2$에서 c가 매우 큰 값이기 때문에 작은 질량 차이라도 큰 에너지 차이를 나타낸다. 양성자보다 중성자의 질량이 크므로 에너지도 중성자가 더 크다. 에너지가 크다는 것은 불안정하다는 것을 뜻하므로, 불안정한 중성자는 스스로 붕괴해서 안정한 양성자로 바뀌면서 전자를 방출한다. 이를 베타 붕괴라고 하며, 이때 중성자의 반감기는 15분이다. 빅뱅 우주에서는 중성자가 모두 붕괴하기 전인 3분 안에 서둘러서 중성자를 사용해서 헬륨을 만든 것이다.

그런데 별이 태어날 때 양성자로부터 중성자를 만들어 가면서 수소를 융합하는 것은 낮은 에너지에서 높은 에너지로 올라가는, 매우 부자연스러운 과정이다. 이때 작용하는 힘은 약한 핵력weak nuclear force으로 매우 느리게 진행된다. 그래서 태양은 다행스럽게도 오랫동안 수소를 융합하면서 에너지를 내는 것이다.

언뜻 생각하면 양성자 두 개와 중성자 두 개로 이루어진 헬륨이 양성자 네 개를 합한 것보다 무겁다고 생각할 수 있다. 그런데 융합 과정에서 질량이 일부 에너지로 바뀌기 때문에 헬륨 핵의 질량은 양성자 네 개의 질량보다 약간 작다. 수소의 원자량은 1.0079인데, 헬륨의 원자량은 4.0026으로 수소의 원자량인 1.0079의 4배보다 약간 작은 것이다.

주계열성의 중심에 헬륨이 축적되고 핵연료인 수소가 떨어지면 수소의 핵융합이 중단된다. 핵융합이 중단되면 핵융합에 의한 에너지가 발생하지 않기 때문에 바깥쪽 방향으로의 압력이 사라지고, 중심 방향으로 별 전체의 질량에 의한 중력 수축이 일어나 중심 온도가 수소 융합 때의 온도보다 훨씬 더 올라간다. 별의 중심 온도가 약 1억 도에 이르면 세 개의 헬륨 핵이 동시에 충돌하면서 융합해서 탄소가 만들어진다. 드디어 유기 화합물이 만들어질 가능성이, 그리고 생명이 태어날 가능성이 보이는 것이다.

헬륨 핵으로 이루어진 별의 중심 온도가 1억 도라면 중심에서 벗어날수록 온도가 낮아져 별의 표면 온도는 수천 도 정도가 될 것이다. 그렇다면 중심에서 벗어난 어딘가에는 수소가 남아 있으면서, 수소 융합에 필요한 천만 도 정도인 곳이 있을 것이다. 이곳에서 다시 수소 융합이 일어나 별이 부풀어 오르면서 표면 온도가 떨어져 붉은 색을 띠는데 이러한 별을 적색 거성red giant이라고 한다. 태양 같은 주계열성은 표면 온도가 6천 도 정도여서 노랗게 보이며, 적색 거성은 표면 온도가 3천 도 정도여서 붉게 보이는 것이다.

적색 거성의 중심에 탄소가 축적되면 탄소 핵의 질량에 따라 별의 운명이 정해진다. 이때 별의 운명을 가늠하는 질량을 찬드라세카르 한계Chandrasekhar limit라고 하며, 이 값은 태양 질량의 1.4배이다. 탄소 핵의 질량이 찬드라세카르 한계를 초과하는 무거운 별에서는 융합이 중단되고, 다시 온도가 올라가면 다음 단계의 융합이 일어나는 과정이 순차적으로 반복되면서 산소, 마그네슘, 인, 칼슘 등 우리 몸에 필수적인 대부분의 무거운 원소들이 만들어진다. 중심에 가장 안정한 핵인 철이 축적되면 핵융합이 마무리된다. 따라서 사람 체중의 10% 정도는 빅뱅 우주에서 만들어진 수소이고, 나머지 90%는 거의 모두가 적색 거성에서 만들어진 산소, 탄소, 질소, 인, 철 등이다.

별의 진화 과정을 밝히는 데 크게 기여한 인도 출신의 천체 물리학자 찬드라세카르Subrahmanyan Chandrasekhar는 1983년에 노벨 물리학상을 수상했다. 찬드라세카르 한계는 그가 20대 초반에 케임브리지로 유학을 가는 도중에 계산한 것이라고 한다.

이렇게 해서 아레시보 메시지 서두에 나오는 다섯 가지 원소가 만들어진 과정을 알아보았다. 그런데 별의 내부에서 만들어진 무거운 원소들이 별을 빠져나오지 않았다면 우리 몸에 자리 잡을 수 없었을 것이다. 무거운 원소들은 어떻게 별을 빠져나왔을까?

무거운 적색 거성의 마지막 단계에서 중심에 철이 축적되면 더 이상 핵융합이 일어나지 못한다. 그러면 다시 한 번 중력 붕괴에 의해 온도가 치솟으면서 별이 폭발하는데, 이를 초신성 폭발supernova explosion이라고 한다. 이때 은하 전체가 내는 빛과 맞먹는 빛이 나오는데, 이 순간에 철보다 무거운 원소, 즉 철보다 원자 번호가 큰 주기율표의 대부분 원소들이 만들어진다. 그리고 이미 적색 거성에서 만들어진 탄소, 산소, 철 등과 함께 우주 공간으로 빠져나가 다음 세대 별

• 초신성 폭발

의 재료가 된다.

빅뱅 우주에서 만들어진 수소, 그리고 적색 거성에서 만들어진 탄소, 산소 등이 초신성 폭발에 의해 우주 공간으로 빠져나가서 수소와 만나 메테인, 물 등 간단한 화합물을 만든 다음 수억 년 후에 태양계의 재료가 되어 결국 우리 몸에 자리 잡은 것이다. 그런 의미에서 별은 우리의 고향이고, 우리는 별의 잔해star dust라고 말할 수 있다.

상생의 도

3

속 삼생만물

─────────── 앞에서는 양성자, 중성자, 전자의 '삼' 으로부터 만
물이 만들어지는 첫 단계로서 생명의 5원소가 만들어지는 과정을 알
아보았다. 이제부터는 본격적으로 이들 원소로부터 어떻게 생명이
만들어지는지 알아보자.

아레시보 메시지에서 1부터 10까지의 이진수, 그리고 다섯 가지
원소 다음에 제시된 내용은 DNA에 들어 있는 A, T, G, C의 네 가지
염기이다. 이들 염기는 수소, 탄소, 질소, 산소 원자들이 15개 정도
결합해서 만들어진 화합물로, 특히 질소가 들어 있어서 염기성을 나
타낸다.

DNA 염기와 크기가 비슷하면서 밀접한 관계를 지닌 화합물에는 아미노산이 있다. A, T, G, C 염기가 DNA에서 유전 정보를 기록하는 단위라고 한다면, 아미노산은 단백질의 구조를 이루는 기본 단위이다. 단백질은 우리 몸에서 근육과 골격의 구조를 만들고, 산소를 운반하거나 저장하며, 세포 내에서 신호를 전달하는 등 중요한 역할을 한다. 무엇보다 단백질의 가장 중요한 역할은 세포 내의 화학 반응이 원활하게 일어날 수 있도록 해 주는 촉매 작용이다.

모든 생명체에서 단백질은 20종류의 아미노산이 일정한 순서에 따라 일렬로 결합을 이루고 있다. 가장 간단한 아미노산인 글라이신은 단 10개의 원자로 이루어져 있다. 아미노산이 DNA를 구성하는 염기와 관련이 깊은 것은 단백질에서 아미노산의 결합 순서가 DNA에서 A, T, G, C 염기의 순서에 의해 결정되기 때문이다. 생명체에서는 염기 순서에 따라 아미노산의 순서가 엄격하게 정해진다. 그렇지 않다면 생명 현상이 질서 정연하고 예측 가능하게 일어나지 못할 것이다.

염기나 아미노산을 자세히 살펴보면 원자들이 결합하는 데는 일정한 규칙이 있는 것을 알 수 있다. 예를 들면 수소는 반드시 다른 원자와 하나의 결합을 이룬다. 탄소와도, 질소와도, 산소와도 하나의 결합을 이루는 것이다. 따라서 수소가 수소와 결합하면 H—H식의 수소 분자가 될 것이다. 한편 수소 분자는 가벼운 기체이기 때문에 우리 몸에서 세포 활동에 직접 사용될 수는 없다.

원자 번호가 6인 탄소는 4개의 결합을, 7인 질소는 3개의 결합을, 그리고 8인 산소는 2개의 결합을 이루는데, 이들 모두 원자 번호와 결합의 개수를 합하면 10이 되는 것을 알 수 있다. 그렇다면 10은 화학 결합에서 어떤 의미가 있는 걸까? 원자 번호가 10인 원소는 네온사인에 사용하는 네온neon이다. 그런데 과학에서는 화학 결합의 규칙을 옥텟 규칙octet rule이라고 해서 8을 강조한다. 그러고 보면 8과 10 사이에는 무언가 두 개가 끼어 있는 것을 알 수 있다.

역사에도 이러한 사례가 있다. 10월인 October는 원래 8월이었는데, 1월과 8월 사이에 카이사르Gaius lulius Caesar를 따서 July가, 그리고 카이사르의 양자로 로마 제국의 초대 황제가 된 아우구스투스Augustus를 따서 August가 끼어들면서 10월이 되었다. 옥텟 규칙에서 10과 8의 차이는 수소와 헬륨 때문이다. 원자 번호가 1인 수소는 로마 제정의 기틀을 마련하고도 자신은 황제가 되지 못한 카이사르를 생각하게 한다. 원자 번호가 2인 헬륨은 첫 번째 귀족 기체로 카이사르를 이어 받은 아우구스투스라고 할 수 있다. 옥텟 규칙에서 2와 8의 의미는 뒤에서 자세히 살펴보기로 하자.

이와 같이 우리 몸의 모든 원자는 옥텟 규칙에 따라 결합하면서 화학 반응을 통해 생명 현상을 이루어 나간다. 버클리 소재 캘리포니아 대학교의 교수를 지낸 루이스Gilbert Newton Lewis가 삼생만물의 기본 원리인 옥텟 규칙을 파악하는 데 앞장섰다.

이상한 나라의 전자

———————— 옥텟 규칙을 이해하려면 원자 내에서 전자의 에너지가 양자화되어 있는 원리를 먼저 파악해야 한다. 에너지의 양자화라는 우리의 일상적인 경험과는 어긋나는 심오한 원리에 따라 원자들은 서로의 필요를 충족시켜 주는 방식으로 상생을 도모하고, 그 과정에서 생명이 태어나고 우리가 존재하기 때문이다. 또 양자론은 상대성 이론과 함께 20세기 과학의 커다란 두 줄기를 이루고 있다.

캐롤Lewis Carroll이라는 필명으로 잘 알려진 도지슨Charles Dodgson의 소설 『이상한 나라의 앨리스 Alice in Wonderland』에는 우리 주위에서는 찾아볼 수 없는 기상천외한 일들이 수시로 일어난다. 그런데 원자의 세계인 미시 세계는 앨리스가 토끼 굴을 통해 방문한 나라보다 더 이상한 나라이다. 미시 세계에서는 전자의 행동이 특히 이상하다.

우주의 나이가 38만 년 정도 되어서 중성 원자가 만들어질 때 앞서 쿼크로부터 양성자와 중성자가 만들어졌을 때 일어났던 이상한 일이 다시 벌어진다. 양성자는 크기가 10^{-15}미터이고 전자는 크기가 없는 점 입자이다. 전자는 쿼크처럼 기본 입자이기 때문에 앞에서 살펴본 대로 쿼크가 점 입자인 것과 같은 이유로 전자도 점 입자인 것이다. 그런데 양성자와 전자가 만나 생성된 수소 원자는 크기가 10^{-10}미터로 양성자 크기의 10만 배이다. 여기에는 중요한 양자론의 원리가 들어 있다.

원자 같은 미시 세계에서는 에너지가 연속적이 아니고 불연속적이다. 수소 원자에서 에너지가 연속적이라면 전자는 계속해서 양성자까지 끌려갈 것이고, 양전하와 음전하 사이에서 번개처럼 전기 방전이 일어날 것이다. 그러나 원자에서는 전자의 에너지가 불연속적이어서 가장 낮은 에너지가 존재한다. 수소의 경우에는 전자가 양성자로부터 0.5옹스트롬 정도 거리에 있을 때가 가장 에너지가 낮은 상태로, 이를 바닥상태라고 한다. 이 때문에 수소 원자는 지름이 1옹스트롬 정도의 크기를 가지게 되는 것이다. 그러고 보면 전자와 양성자가 결합하면서 크기가 10만 배가 되는 것은 점 입자인 쿼크가 세 개 모여 유한한 크기의 양성자가 되는 경우와 유사하다.

에너지가 불연속적인 것을 에너지가 양자화quantized되었다고 말한다. 에너지 양자화는 앞에서 살펴본 대로 우주의 팽창을 알게 해 준 선 스펙트럼 현상을 통해 가장 쉽게 확인할 수 있다. 형광등에서 나오는 빛을 간단한 분광기를 사용해서 파장별로 분리해 보면 무지개 같은 연속 스펙트럼이 아니라 녹색, 적색 등의 파장대에서 선이 나타난다.

수소를 유리관에 넣고 전기 방전을 시키면 가는 선이 선명하게 나타나는데, 이것은 원자 내부의 전자가 외부에서 에너지를 받아 높은 상태로 올라갔다가 보다 낮은 상태로 떨어지면서 여러 파장의 빛이 나오기 때문이다. 형광등이나 수소 방전관에서도 마찬가지이다. 그런데 높은 에너지 상태도 여러 개 있고, 낮은 에너지 상태도 여러 개 있기 때문에 어느 상태로 올라갔다가 어느 상태로 떨어지는지에 따라 여러 조합이 가능하고, 이에 따라 67쪽에서 본 대로 여러 가지 색의 빛이 나온다.

에너지의 양자화와 선 스펙트럼이 나오는 이유는 계단을 생각해 보면 이해하기 쉽다. 어느 이상한 나라에서는 바닥에서 첫 번째 계단까지의 높이는 50센티미터, 첫 번째 계단에서 두 번째 계단까지는 30센티미터, 두 번째 계단에서 세 번째 계단까지는 15센티미터라고 하자. 그리고 바닥에 있다가 어느 계단까지 뛰어오르고 나서 다시 어느 계단으로 뛰어내릴 때 그 차이만큼 일을 한다고 하자. 그러면 세 번째 계단에서 두 번째 계단으로 내려갈 때는 15센티미터, 첫 번째 계단으로 내려갈 때는 45센티미터, 그리고 바닥으로 내려갈 때는 95센티미터에 해당하는 일을 할 것이다. 두 번째 계단까지 뛰어올라 갔다면 30센티미터와 80센티미터의 두 가지 일이 가능할 것이다. 즉 비탈에서처럼 에너지가 연속적이지 않고, 계단에서처럼 에너지가 불연속적인 것이 에너지가 양자화된 것이다.

원자의 경우 외부에서 에너지를 받아서 다른 계단, 즉 다른 에너지 상태로 올라가는 것은 원자 내부의 전자이며, 전자가 높은 에너지 상태에서 낮은 상태로 떨어질 때 그 에너지 차이가 빛으로 나온다. 그런데 전자는 올라갈 때도 여러 에너지 상태로 올라가고 떨어질 때도 여러 에너지 상태로 떨어지기 때문에 다양한 에너지 조합으로부터 선 스펙트럼이 나타나게 된다.

에너지가 양자화되지 않았다면 선 스펙트럼이 나오지 않고, 선 스펙트럼이 나오지 않는다면 선 스펙트럼의 적색 편이가 없었을 것이다. 또 선 스펙트럼의 적색 편이가 없다면 우주의 팽창을 알 수 없었을 것이다. 결국 우주의 팽창을 통해 우주의 기원을 알게 해 준 것은 에너지의 양자화라고 할 수 있다.

원자의 나라에서 볼 수 있는 전자의 또 다른 이상한 속성에는 파동-입자 이중성이 있다. 우리는 빛은 파동으로, 원자나 전자 등의 물질은 입자로 이해하는 데 익숙해 있다. 그런데 20세기 초에 빛도 입자의 속성을 가지고, 물질도 파동의 속성을 가진다는 것이 밝혀졌다. 햇빛이 태양을 떠날 때도, 우리가 휴대전화로 문자를 보낼 때도 광자라는 입자가 발사된다. 또 원자 내부에서 전자가 운동할 때도, 박찬호가 피칭을 할 때도 전자나 야구공은 각각 파동을 그린다. 선 스펙트럼을 나타내는 에너지의 양자화는 파동-입자 이중성의 결과이다. 파동-입자의 이중성은 뒤에서 자세히 다루기로 하자.

선택의
자유

————— 내가 시카고 대학교에 유학 중이던 1976년에 자유 경제의 신봉자로 유명한 프리드만Milton Friedman이 노벨 경제학상을 수상했다. 당시 프리드만은 시카고 대학교의 경제학과 교수로 재직하면서 시카고학파를 이끌고 있었다. 프리드만이 노벨상을 수상한 후 교내 서점에서 자신의 저서 사인 행사를 가졌을 때, 나도 그의 저서 가운데 『선택의 자유Free to Choose』라는 책을 한 권 구입했다.

이 책의 표지에는 프리드만이 연필을 손에 쥐고 있는 사진이 나온다. 그리고 본문에서 그는 다음과 같은 질문을 던진다.

어느 나라에서 정부가 직접 나서서 개개인에게 당신은 흑연을 캐라, 나무를 베어라, 고무를 수입해라, 이 재료들을 가지고 연필을 만들어라, 그리고 내다 팔아라 하는 식으로 통제된 경제를 운영한다고 하자. 그리고 또 다른 나라에서는 각자가 알아서 자기가 좋아하고 잘하는 일을 하게 내버려 둔다고 하자. 어느 경우에 좋은 연필이 싼 값에 소비자의 손에 들어갈지가 문제의 핵심이다. 물론 공산주의의 통제 경제에 비해 자본주의의 시장 경제가 우월하다는 것이 답이다. 그 후 10여 년이 지난 1989년에 베를린 장벽이 무너지면서 역사는 자유의 손을 들어 주었다. 베를린 장벽의 붕괴는 20세기의 가장 중요한 역사적 사건으로 꼽힌다.

이와 같이 인간 사회가 굴러가는 기본 원리가 개인의 편의 추구와 신분 상승을 꾀하는 데 있다고 한다면, 원자들이 옥텟 규칙에 따라 결합하는 이유도 결국 원자들이 안정한 상태로 가려고 하는 데에 있다고 할 수 있다. 앞에서 말한 대로 카이사르 같은 수소가 아우구스투스 황제 같은 헬륨이 되듯이 말이다.

옥텟 규칙에 따른 화학 결합을 에너지 양자화를 통해 자세히 살펴보자. 원자 내부에서 전자의 에너지의 바닥상태에는 전자가 2개까지 들어갈 수 있다. 그리고 전자가 2개인 헬륨이 반응을 전혀 하지 않는 것으로 볼 때 바닥상태가 2개의 전자로 채워지면 매우 안정해진다는 것을 알 수 있다. 인간 사회에서도 아쉬울 게 없는 귀족은 다른 사람들과 만나 자신의 부족함을 채우려는 경향이 약하다. 그래서 헬륨 같은 반응성이 없는 원소를 귀족 기체noble gas라고 한다. 분자들이 가까이 있어 서로 뭉쳐야 액체도 되고 고체도 될 텐데 따로 놀다 보니 기체로 존재하는 것이다. 다른 귀족 기체에는 네온, 아르곤, 크립톤, 제논, 라돈이 있다.

전자가 한 개인 수소 원자 둘이 만나면 어떤 일이 일어날까? 각각의 수소 원자는 전자가 한 개 부족한 상황인데, 수소가 헬륨처럼 2개의 전자를 가지고 귀족 행세를 할 수 있는 방법이 두 가지 있다. 첫 번째 방법은 우주의 그 많은 수소 중에서 절반에게만 만족스러운 방법이다. 하나의 수소 원자가 다른 수소 원자로부터 전자를 빼앗아서 헬륨처럼 2개의 전자를 가지는 것이다. 이 경우 우주의 수소 중에서 반은 귀족 기체가 되지만, 나머지 반은 전자가 하나도 없는 불만족 스러운 상황이 된다.

보다 바람직한 두 번째 방법은 2개의 수소가 만나서 각자의 전자 를 내놓고 2개의 전자를 공유하는 것이다. 한 청년이 대학을 졸업한 후 직장을 구해서 열심히 일하고 저축해서 결혼 후 아파트 구입 자 금으로 1억 원을 모았다고 하자. 그런데 그 사이에 아파트 값이 올라 2억 원이 되었다면 어떻게 해야 할까? 1억 원을 저축한 여자를 만나 결혼을 하면 2억 원짜리 아파트를 구입할 수 있게 된다. 단, 결혼 후 아파트는 공동 소유로 하는 조건이 따른다. 이렇게 전자를 하나씩 내놓고 공유하는 방식의 화학 결합을 공유 결합covalent bond이라고 한 다. 'co-'는 cooperation, collaboration, community 등에서 볼 수 있듯이 '공동'이라는 뜻을 가진 어두이고, 'valent'는 'value'에서처 럼 가치를 뜻한다. 따라서 공유 결합은 전자의 값어치를 공동으로 나누어 갖는 결합을 의미한다.

반쪽짜리인 수소 원자 둘이 만나 귀족 같은 수소 분자가 되는 공 유 결합의 원리는 자연이 적극 권장하는 우주적인 원리이다. 우주에 서 가장 풍부한 원자가 수소라면 가장 풍부한 분자는 수소 분자일 것이다. 만일 자연이 수소 분자가 아무리 전자를 공유해도 각각의 수소 원자가 한 개씩의 전자밖에 없지 않느냐고 귀족으로 인정을 안해 준다면 공유 결합은 일어나지 못하고, 우리 몸의 원자들은 뿔뿔이 흩어져 버릴 것이다. 공유 결합의 원리는 나도 살고 너도 사는 상생의 도인 것이다. 이러한 관점에서 '우리는 누구인가'에 대한 답은 '우리는 원자들이 전자를 공유해서 상생하는 방식으로 결합한, 귀족 같은 존재이다.'가 될 것이다.

상생의 도는 수소와 산소가 결합해서 생명의 근원인 물을 만들 때도 적용된다. 우리는 앞에서 에너지 양자화와 관련해서 원자 내의 전자에는 가장 안정한 바닥상태가 있고, 그 다음으로 높은 상태 등 여러 상태가 존재하는 것을 알아보았다. 이러한 상태를 편의상 전자껍질로 설명한다. 수소 분자나 헬륨 원자에서는 2개의 전자가 첫 번째 전자껍질에 들어가서 안정한 상태가 된 것이다.

원자 번호가 8인 산소는 8개의 양성자와 8개의 전자를 가지고 있다. 적색 거성에서 만들어진 산소의 원자핵이 우주 공간으로 튀어나와 전자를 만나면 처음 2개는 첫 번째 전자껍질에 들어가서 헬륨에서와 같이 안정한 상태가 된다. 그리고 나머지 6개의 전자는 그 다음 껍질에 들어가는데, 두 번째 껍질은 8개의 전자를 수용할 수 있다. 그런데 산소 원자의 두 번째 껍질에는 6개의 전자밖에 없기 때문에 귀족이 되기 위해서는 2개의 전자가 더 필요하다. 그래서 산소는 2개의 수소 원자와 전자를 공유하는 방식으로 결합해서 물을 만든다. 결과적으로 산소는 귀족 기체인 네온과 같이 되고, 수소는 헬륨과 같이 된다.

여기에서 볼 수 있듯이 산소의 결합을 이해하는 데는 첫 번째 전자껍질에 들어가는 2개의 전자보다 바깥껍질에 들어가는 6개의 전자가 더 중요하다. 가장 바깥껍질의 전자를 최외각 전자 또는 원자가 전자valence electron라고 한다. 탄소와 질소의 최외각 전자는 각각 4개와 5개이다.

탄소가 수소와 만나면 4개의 수소 원자와 전자를 공유해서 메테인CH4을 만들면서 네온과 같은 귀족이 되고, 질소가 수소와 만나면 3개의 수소 원자와 전자를 공유해서 암모니아NH3를 만들면서 역시 네온과 같은 귀족이 된다. 별과 별 사이에 풍부한 성간 분자인 수소, 메테인, 암모니아, 물 모두 선택의 자유가 주어진 결과로 만들어진 안정한 물질이다. 성간 공간에는 귀족들이 넘치는 셈인데, 이들은 태양계가 만들어질 때 주요 원료로 사용된다. 따라서 성간 분자가 만들어지는 것은 삼생만물의 중요한 단계이다.

분류와 통합

여기에서 잠깐 쉬어가면서 과학의 패러다임에 대해 생각해 보자. 원자들이 상생하면서, 또 안정을 찾아가면서 만물을 만들다 보니 삼라만상은 크기, 종류, 성질 등이 다양해서, 그 내용을 제대로 파악하기가 쉽지 않다. 이러한 삼라만상으로 이루어진 자연을 이해하는 첫걸음은 사물을 체계적으로 분류하는 것이다. 그러다 보면 어떤 규칙과 질서가 드러나고, 그 질서에 따라 구조화가 이루어진다. 그리고 이해가 깊어질수록 낮은 차원의 구조는 한 단계 높은 차원에서 통합된다.

아리스토텔레스Aristotle의 철학에서는 세상을 지상의 세계와 천상의 세계로 분류했다. 지상의 세계는 불완전하기 때문에 삶과 죽음이 교차하고, 물체의 모양도 완전과는 거리가 있고, 악이 존재한다. 지상의 세계는 미국의 소설가 브라운Dan Brown의 『천사와 악마Angels and Demons』에 등장하는 물, 불, 공기, 흙의 4원소로 이루어졌다. 반면 완전한 천상의 세계를 구성하는 천체들은 완벽한 구형이고, 지구를 중심으로 원운동을 한다. 천상의 원소는 제 5원소인 에테르로 지상의 원소와 같을 수 없다고 생각했다.

천상의 세계와 지상의 세계가 통합된 것은 2천 년이 지난 17세기에 뉴턴에 의해서이다. 뉴턴은 지상에서 사과가 떨어지는 것이나 천상에서 달이 도는 것이나 똑같은 운동 법칙을 따른다는 것을 보여주었다. 뉴턴은 적어도 힘이라는 면에서 두 세상을 통합한 것이다.

18세기에는 생물의 세계에서 분류와 통합이 시작되었다. 스웨덴의 생물학자 린네Carl von Linné는 동물과 식물을 분류하는 이명법을 만들었다. 이후 이것을 기초로 해서 각 생물의 공통적인 특징을 묶어 단계적으로 나타내는 분류 계급이 만들어졌다. 분류 계급은 종 species – 속 genus – 과 family – 목 order – 강 class – 문 phylum – 계 kingdom – 역 domain의 8단계로 나타낸다. 사람을 포함해서 모든 동물은 동물계로 통합되고, 모든 젖먹이동물은 포유강으로 통합된다. 다윈 Charles Darwin 이 말하는 종의 진화에서 종은 분류 체계의 가장 기본 단위이다.

20세기 후반에 들어와서 DNA 염기 서열 정보를 통해 모든 지구 상 생명이 하나의 '생명의 나무'로 통합되었다. 이명법으로 구조화 된 생물의 세계가 DNA 염기에 의해 통합된 것이다.

19세기에는 화학 원소의 분류가 이루어졌다. 1869년에 러시아의 화학자 멘델레예프 Dmitri Mendeleev가 제안하고, 20세기에 들어와서 원 자핵, 원자 번호, 양성자가 알려지면서 완성된 주기율표에는 삼라만 상을 만드는 약 100가지의 원소들이 체계적으로 정리되어 있다. 양 성자를 몰랐던 멘델레예프는 당시 알려진 원소들을 원자량에 따라 나열하면 주기적으로 성질이 비슷한 원소가 나타나는 것을 알아냈 다. 지금은 주기율표에서 탄소와 규소, 질소와 인, 산소와 황처럼 같 은 족에 속하는 원소는 최외각 전자의 수가 같고, 이 때문에 화학적 성질이 비슷하다는 것이 잘 알려져 있다. 주기율표로 구조화된 화학 원소의 세계가 전자에 의해 통합된 것이다.

천상의 세계에서 출발해서 우리 주위의 동식물로, 그 다음에는 우리 주위의 사물을 구성하는 원자로 파고 들어갔던 분류와 통합의 노력은 20세기에 들어와서 다시 천상의 세계로 눈길을 돌린다. 1910년경에 덴마크의 헤르츠슈프룽Ejnar Hertzsprung과 미국의 러셀Henry Russel은 별들의 밝기와 색에 따라 별들을 분류해서 헤르츠슈프룽-러셀 도표를 만들었다. 그런데 별의 색은 표면 온도에 의해 달라지기 때문에 이 도표는 밝기와 온도에 관한 도표라고 할 수 있다.

20세기 후반에는 마침내 천상 세계의 근원인 빅뱅 우주까지 거슬러 올라가서 초기 우주에서 만들어진 기본 입자들을 쿼크와 렙톤으로 분류하고, 표준 모형이라는 틀 안에서 통합하게 된다.

최근에는 빅뱅 우주에서 물질에 질량을 부여하고 사라진 힉스 입자Higgs boson의 발견이 빅 뉴스다. 힉스 입자가 확인되면 표준 모형도 보다 확고한 위치를 차지하게 될 것이다.

표준 모형에서 힘의 완전한 통합은 아직 이루어지지 않았다. 19세기에 맥스웰이 전기력과 자기력을 통합한 것이 힘의 통합의 출발점이다. 20세기 후반에 와서 전자기력과 약한 핵력이, 그 후에 다시 강한 핵력까지 통합되었지만 네 가지 힘 중 가장 약한 중력은 아직 통합을 거부하고 있다.

생존과 번영

4

대사와
유전

———————— "동물의 왕국" 같은 TV 프로그램을 보면 살아간다는 것이 얼마나 처절한 투쟁의 과정인지 실감할 수 있다. 인간도 지구상 동물의 일종이므로 다른 동물들과 마찬가지로 살아가기 위해 기본적으로 해야 하는 일이 있다. 동물로서의 인간이 해야 하는 가장 기본적인 활동은 생존survival과 번식reproduction이다. 일단은 살아야 하고, 그 다음에는 대물림을 해야 하는 것이다. 살아야 대물림을 할 수 있고, 대물림을 해야 다음 세대가 살 수 있다. 그런 의미에서 어느 쪽이 우선이고 더 중요하다고 말하기는 어렵지만, 개인적으로

볼 때 당장은 생존이 더 급하다. 그렇지만 만일 지구상 전 인류가 대물림을 중단한다면 인류는 이 세대에서 멸종하고 말 것이다.

생존은 문자 그대로 살아서 존재하는 것이다. 인간이 생존하기 위해서는 필요한 세포, 조직, 장기 등을 갖추어야 한다. 그 다음에는 하루하루 필요한 물질과 에너지를 받아들여서 생명 활동에 사용하고 불필요한 것은 밖으로 내보내는 대사metabolism를 해야 한다.

대사에는 복잡한 물질을 간단한 물질로 분해하는 이화 작용과 간단한 물질로부터 복잡한 물질을 합성하는 동화 작용의 양면이 있다. 우리가 음식을 먹으면 일단 탄수화물은 포도당으로, 단백질은 아미노산으로, 지방은 지방산과 글리세롤로 분해된다. 그리고 이들로부터 세포 활동에 필요한 다른 물질들이 합성된다. 따라서 동물에서는 이화 작용이 동화 작용에 우선한다고 볼 수 있다. 반대로 식물에서는 탄소 동화 작용 같은 동화 작용이 우선한다.

일단 세포가 존재하려면 세포의 안과 밖을 구분하는 세포막이 있어야 한다. 그리고 대사에 필요한 물질을 받아들이고 노폐물을 내보내는 세포막에 적절한 통로가 있어야 한다. 세포막의 이러한 통로는 단백질로 이루어져 있다.

우리 몸의 근육은 중요한 대사산물의 하나로, 대부분 단백질로 이루어져 있다. 또 다른 중요한 대사산물에는 많은 에너지를 저장하고 있는 화합물인 ATP가 있다. 활발하게 활동하는 사람은 하루에 자기

체중에 해당하는 양의 ATP를 생산한다. 그리고 ATP를 ADP로 분해하면서 에너지를 얻는다. ATP는 심장을 뛰게 하고, 근육 운동에 에너지를 제공하기 때문에 생존에 필수적이다.

번식은 한마디로 자식을 낳고 길러서 다음 세대를 기약하는 것이다. 한 개의 사과 씨가 그대로 있으면 씨에 불과하지만 과수원에 심어진 후 싹을 틔우고 자라면 수백 배의 결실을 맺을 수 있다. 이처럼 단순히 번식에 그치지 않고 자손이 융성하는 것을 번영한다고 말한다. 개인이나 국가에 있어서 번영은 바람직하다. 한편 번식을 하려면 자신의 유전 정보를 다음 세대에 전달해야 하는데, 이를 유전 heredity이라고 한다.

유전 물질은 생명의 핵심 정보를 보관해야 하는 물질이기 때문에 열이나 다른 환경 변화에 대해 안정적이어야 한다. 따라서 지구상에서 생명이 태어나고 진화하는 과정에서 안정한 유전 물질의 존재는 중요한 의미를 지닌다. 그리고 이러한 유전 물질은 변이의 가능성을 내포하고 있어야 한다. 그래야 종의 진화가 가능하기 때문이다.

이제부터 대사와 유전에 관련된 핵심 물질에 대해 알아보자.

우리 몸은
대성당

──────── 독일 쾰른의 대성당이나 프랑스 파리의 노트르담 사원 같은 건축물을 보면 감탄을 금할 수 없다. 잘 다듬어진 수많은 돌들이 완벽한 계획에 의해 하나하나 쌓여져 예술적인 건축물을 완성한 것으로 여겨진다. 우리나라에서도 이러한 예술적 건축물을 찾아볼 수 있다. 영주 부석사의 무량수전 같은 목조 건물이나 경주 불국사의 다보탑 같은 석조 탑은 예술적인 감각과 기능적인 손재주의 조화로 이루어진 뛰어난 작품이라고 할 수 있다.

우리 몸에도 인간이 만든 대성당 못지않게 아름다운 구조와 뛰어난 기능을 가진 물질들이 있다. 그 중 하나가 가장 중요한 생체 물질이라는 뜻에서 'protein' 이라고 이름 붙여진 단백질이다.

대사에 필요한 핵심 물질인 효소도 기본적으로 단백질로 되어 있다. 효소는 생명체가 살아가기 위한 세포 활동이 체온 정도의 온도에서 적당한 속도로 일어나게 도와주는 촉매 역할을 한다. 이와 같이 생물의 생존에는 단백질이 필수적이다. 단백질은 아미노산이라는 간단한 기본 물질이 일정한 순서에 따라 연결된 생체 고분자이다.

예를 들어 라이소자임lysozyme은 비교적 작고 간단한 효소 단백질로, 1번의 라이신부터 129번의 루신까지 129개의 아미노산이 한 줄로 연결되어 사슬을 이루고 있다. 이러한 사슬은 3차원적으로 휘어져서 단백질마다 특이한 구조를 만든다.

라이소자임은 분해하는 효소라는 뜻으로, 외부에서 들어오는 이물질을 분해하는 역할을 하기 때문에 생존에 필수적이다. 우리 몸에는 수조 개의 세균이 살고 있는데, 대부분이 무해할 뿐만 아니라 일부는 유산균처럼 우리에게 도움을 주기도 한다. 그런데 때로 음식물, 주변 공기, 상처 등을 통해 유해한 세균에 노출되기도 한다. 이때 다행히 위액에 있는 라이소자임이 세균의 특정 부위를 분해함으로써 우리 몸에 들어오지 못하게 막아 준다. 라이소자임은 눈물에도 들어 있는데, 라이소자임이 먼지 등에 들어 있는 이물질을 분해해 주지 않는다면 눈의 렌즈가 투명하게 유지되지 못할 것이다. 라이소자임은 특히 계란 흰자에 많이 들어 있어서 껍질을 통해 침투한 세균이 핵심 부위인 노른자에 도달하는 것을 막아 준다. 이처럼 라이소자임은 생존과 직결된 효소 단백질이다.

라이소자임은 페니실린을 발견한 플레밍Alexander Fleming이 1922년에 발견했다. 이후 1965년에 필립스David Phillips에 의해 라이소자임의 3차원 구조가 밝혀졌다. 필립스는 라이소자임이 어떻게 이러한 놀라운 기능을 발휘하는지를 그 구조에 입각해서 설명했다. 이렇게 해서 라이소자임은 3차원 구조가 밝혀진 첫 번째 효소 단백질이자, 구조와 기능의 연관성이 알려진 첫 번째 효소 단백질이 되었다.

지구상 모든 생명체는 20가지의 공통적인 아미노산을 사용해서 단백질을 만든다. 라이소자임에 129개의 아미노산이 있다면 각 종의 아미노산은 평균적으로 5~6개가 될 것이다. 물론 다른 아미노산보다 더 많이 사용되는 아미노산도 있을 것이다. 또 우리 몸이 스스로 만들어 내는 아미노산도 있지만, 음식을 통해 섭취해야 하는 필수 아미노산도 있다. 1번 라이신은 필수 아미노산의 일종이다. 그런데 라이소자임처럼 129개의 아미노산이 들어 있고, 또 각 종의 아미노산이 들어 있는 개수가 같다고 하더라도 129개의 아미노산이 연결된 순서가 다르다면 전혀 다른 3차원 구조를 가진, 다른 단백질이 만들어진다. 몇 가지 색깔이나 모양이 다른 구슬을 사용해서 목걸이를 만들 때, 구슬의 순서에 따라 모양이 다른 목걸이가 되는 것과 마찬가지이다.

우리 몸의 세포에는 수백, 수천 종류의 단백질이 있어서 각자의 역할을 담당하면서 우리의 생존에 기여하고 있다. 크고 작은 돌들이 쌓여서 대성당을 이루듯이 각각의 단백질은 20종의 아미노산들이 다양하게 결합해서 만들어 낸 우리 몸의 대성당인 것이다. 이뿐만 아니라 우리 몸 전체가 단백질과 그 밖의 다양한 구조물들로 이루어진 대성당이라고 볼 수도 있다.

로댕의
대성당

───────── 10여 년 전의 일이다. 서울대학교에서 교양 과목
인 '자연 과학의 세계' 수업 시간에 학생들에게 한 학기 동안 공부
한 과학의 내용을 인문학, 예술, 문학 등 다른 분야의 내용과 연관
지어서 에세이를 쓰는 과제를 내 준 적이 있다. 그때 한 학생의 보고
서에 눈이 번쩍 뜨였다. DNA 이중나선 구조와 로댕Auguste Rodin의 조
각품을 연결 지어 과제를 해 온 것이다.

파리의 로댕 박물관에 가면 로댕의 '생각하는 사람'과 '칼레의 시
민' 같은 대작이 전시되어 있다. 그리고 전시된 수백 점의 작품 중에
실물 손 크기의 두 손이 마주 보고 서로를 감싸는 모양의 작은 조각
품이 있다. 로댕은 이 작품에 '대성당'이라는 제목을 붙였는데, 이
작품에서 마주 잡은 두 손은 두 사람이 마주 보고 각자의 오른손을
내밀어야 만들어지는 구조이다. 서로 상대방의 부족함을 보충해 주
는 상보적인 구조인 것이다.

릴케Rainer Maria Rilke가 지적했듯이 로댕은 공간을 중요시했다. 이
조각에서도 두 손은 작은 새를 감싸기라도 하듯이 적당한 거리를 유
지하면서 그 사이에 제한적이면서도 풍부한 공간을 만들어 낸다. 로
댕은 이 공간을 실제 대성당에서 육중한 벽과 기둥들이 만들어 내는
공간에 대비한 것이다.

▪ 로댕의 '대성당'

대성당에서의 공간은 인간이 참회하고 신에게 기도를 드리는 공간이다. 그렇다면 이 조각에서처럼 약간 뒤틀리면서 서로 마주 보는 DNA 이중나선이 만들어 내는 공간은 무엇을 위한 공간인가? 이 공간은 37억 년 동안 이어진 생명의 정보를 기록하는 공간이고, 지구상 생명이 영속하기를 바라는 기원이 담긴 공간에 비유할 수 있다.

DNA가 유전 물질이라는 사실이 밝혀진 것은 베르셀리우스가 단백질이라는 이름을 붙인지 100년이 지난 1944년에 에이버리Oswald Avery에 의해서이다. DNA가 유전 물질이라는 것이 어떻게 밝혀지게 되었는지 살펴보자.

멘델레예프가 주기율표를 발표한 1869년에 스위스의 생화학자 미셰르Johann Miescher는 환자의 고름에서 끈적끈적한 산성 물질을 분리하고 뉴클레인nuclein이라고 이름 붙였는데, 당시 미셰르는 이것이 대물림의 핵심 물질, 즉 유전 물질이라는 것을 알지 못했다. 1928년에 영국의 그리피스Frederick Griffith는 정상 폐렴균에서 돌연변이 폐렴균으로 옮아가면서 형질을 변환시키는 물질이 있는 것을 발견하고 이를 변환 인자라고 불렀다. 그런데 그리피스는 이 변환 인자가 미셰르가 분리했던 뉴클레인이라는 것은 알지 못했다. 그러는 동안에 화학자들은 뉴클레인의 성분을 조사해서 뉴클레인이 디옥시리보오스라는 당과 인산, 그리고 A, T, G, C의 네 가지 염기로 이루어진 것을 알아냈다.

 1944년에 뉴욕의 록펠러 대학교에서 연구하던 에이버리는 그리피스의 변환 인자를 정제해서 화학 분석을 한 결과, 변환 인자가 당, 인산, 염기로 이루어진 뉴클레인과 똑같은 조성을 나타내는 것을 알아냈다. DNA가 유전 물질이라는 것이 확실해진 것이다. 에이버리는 1955년에 사망했는데 후일 당연히 노벨상을 받았어야 하는데 받지 못한 과학자 가운데 1순위로 꼽힌다.

이중나선
만세

───────── 대성당의 기본 단위가 거대한 돌이고, 단백질의 기본 단위가 아미노산이라면 DNA의 기본 단위는 당에 인산과 염기가 결합한 뉴클레오타이드라는 화합물이다. 모든 뉴클레오타이드에서 당과 인산 부분은 같기 때문에 DNA에는 염기의 종류에 따라 네 가지의 뉴클레오타이드가 들어 있는 셈이다. 단백질에 20종류의 아미노산이 들어 있는 것과 비교하면 DNA는 비교적 단순한 생체 고분자라고 할 수 있다.

 흥미롭게도 아미노산은 중심 탄소에 양쪽으로 산성인 카복실기($-COOH$)와 염기성인 아미노기($-NH_2$)가 결합한 구조이고, 뉴클레오타이드는 탄수화물의 일종인 중심 당에 산성인 인산과 염기성인 염기가 결합한 구조이다.

산acid과 염기base는 서로 보완적인 관계이다. 산은 수소 이온, 즉 양성자를 내놓는 물질이고 염기는 수소 이온을 받아들이는 물질이다. 그런데 수소는 우주에서 가장 풍부하고, 생체 내에도 많이 들어 있는 원소이기 때문에 산과 염기가 물질세계에서, 특히 생명체에서 중요한 역할을 할 것이라고 짐작할 수 있다.

하나의 뉴클레오타이드에서 인산이 다른 뉴클레오타이드의 당과 결합하는 방식으로 계속 결합을 해 나가면 당-인산 골격이 생기고, 뉴클레오타이드가 연결된 순서에 따라 A, T, G, C 염기의 순서가 생긴다. 여기서 왜 아레시보 메시지에 생명의 제 5원소로 인이 포함되었는지가 드러난다.

흔히 H_3PO_4라고 적는 인산은 $P(OH)_3O$라고 적는 것이 정확하다. 인을 중심으로 4개의 산소 원자가 결합하고 있는데, 그 중 하나는 인과 이중 결합을 이루고, 나머지 셋은 인과 단일 결합을, 그리고 인과 반대쪽으로 수소와 단일 결합을 이루고 있다. 이 3개의 수소는 쉽게 산소에 전자를 내어 주고 떨어져 나오기 때문에 산으로 작용한다. 이처럼 인산은 3개의 −OH를 가지기 때문에 그 중 둘은 양쪽으로 당과 결합해서 긴 당-인산 골격을 만들고, 나머지 하나는 수소 이온이 떨어져 나오면서 산 해리해서 DNA를 핵산의 일종으로 만든다.

언뜻 생각하면 아레시보 메시지에서 최외각 전자가 5개인 질소를

언급했으면, 질소와 마찬가지로 최외각 전자가 5개인, 그래서 주기
율표에서 같은 족에 속하는 인을 언급할 필요가 없다고 생각할 수도
있다. 같은 족의 원소끼리는 화학적 성질이 비슷하기 때문이다. 그
런데 질산은 HNO_3 또는 $N(OH)O_2$로, 단 하나의 -OH를 가지고 있
어서 양쪽으로 당-질산 골격을 만들지 못한다. 원자 번호가 7인 질
소의 산인 질산은 엄격하게 옥텟 규칙을 지켜서 최외각에 8개의 전
자만을 허용하는데 비해, 원자 번호가 15인 인의 산인 인산은 최외
각에 2개의 전자를 추가로 허용할 포용력이 있기 때문에 이러한 중
요한 차이가 나타나는 것이다. 약간의 여유가 인으로 하여금 아레시
보 메시지에 들어갈 영광을 가져다 준 셈이다.

DNA에서는 로댕의 '대성당'에서 두 손이 마주 보듯이 두 개의
당-인산 골격이 마주 보며 이중나선을 만든다. 그리고 한 나선의 염
기는 상대방 나선의 염기와 쌍을 이루어 전체적으로 안정한 구조를
만든다. 로댕의 '대성당'에서 두 손의 역할이 두 손 사이에 공간을
만들어 내는 데 있듯이, DNA에서 당-인산 골격의 역할은 염기쌍이
자리 잡을 공간을 만드는 데 있다고 볼 수 있다.

결과적으로 양쪽으로 두 벌의 염기 서열이 생기게 된다. 그런데
A, T, G, C는 제멋대로 쌍을 이루지 않고 A은 T과, G은 C과 쌍을 이
룬다. 그 이유는 수소 결합hydrogen bond을 이루는 A - T쌍과 G - C쌍
이 크기와 모양 면에서 거의 완벽하게 같기 때문이다. 그래서 미끈

한 이중나선이 만들어지는 것이다.

인간의 언어에는 대략 20종류의 자모가 사용된다. 한글에서는 24개의 자모가 사용되고, 영어에서는 26개의 자모가 사용된다. 각 언어는 자모가 어떤 순서로 얼마만큼 배열되었는지에 따라 짤막한 시도 되고, 대하소설도 된다. 그런데 인간의 언어와 생명의 언어에는 중요한 차이가 있다. 우리는 글을 쓸 때 자모를 한 번 나열하는 데 비해 DNA는 A－T, G－C 염기쌍을 통해서 상보적인 두 벌의 유전 정보를 기록하는 것이다.

ㅅㅐㅇㅁㅕㅇㅇㅡㅣㅇㅓㄴㅓ
life's alphabet

ACCGTATTGCCAAGCTT
TGGCATAACGGTTCGAA

DNA가 상보적인 염기쌍으로 이루어지고, 상보적인 두 개의 나선 구조를 가지는 데는 두 가지 중요한 이유가 있다. 인간이 생장하고 생존하기 위해서는 세포가 끊임없이 분열해야 하는데, 그때마다

DNA를 복제해서 각각의 세포가 나누어 가져야 한다. DNA의 이중나선 구조는 복제에 아주 적절한데 염기쌍의 수소 결합이 끊어지면서 두 개의 나선이 갈라지고, 각각의 염기가 상보적인 염기와 수소 결합을 이루면서 당-인산 골격을 만든다. 이러한 방식으로 원래와 똑같은 이중나선이 얻어진다. DNA의 이중나선 구조를 처음 발견한 왓슨과 크릭은 1953년에 『네이처Nature』에 발표한 논문에서 이 복제의 원리를 다음과 같이 암시했다.

> 우리가 가정한 이 특정한 쌍이 즉각적으로 그럴듯한 복제 메커니즘을 시사한다는 점을 우리는 놓치지 않았습니다. (It has not escaped our notice that the specific pairing we have postulated immediately suggests a possible copying mechanism for the genetic material.)

이 한 문장에 37억 년 생명의 비밀이 담겨져 있다. DNA는 이러한 방식으로 복제하면서 37억 년 동안 단 한 번도 단절되지 않고 면면히 이어져 온 불멸의 이중나선인 것이다. 동해물과 백두산이 마르고 닳도록 정도가 아니다. 이중나선 만세다.

두 가닥의 나선이 수소 결합을 통해 이중나선을 이룰 수 있는 것은 지구의 기후가 온화하기 때문이다. 금성의 표면과 같이 400℃ 정도의 높은 온도에서는 수소 결합이 모두 깨져서 이중나선이 존재할 수 없다. 또 DNA가 복제될 수 있는 것은 수소 결합이 쉽게 끊어질 수 있기 때문이다. 목성의 표면처럼 −150℃ 이하의 온도에서는 수소 결합을 떼어 내고 DNA를 복제하는 일이 불가능할 것이다. 얼음이 녹는 것도 물 분자 사이의 수소 결합이 끊어지는 현상이라는 점을 생각해 보면 지구의 온도는 동해물을 물로 만들어 줄 뿐만 아니라 DNA 복제를 통해 생명의 대물림을 가능하게 하는 것을 알 수 있다.

이중나선 구조가 중요한 또 하나의 이유는 복제 도중 오류를 줄일 수 있다는 데 있다. 나선이 한 가닥뿐이라면 복제에 오류가 생겼을 때 수정할 길이 없다. 그러나 상보적인 두 개의 나선이 있는 한, 한쪽에 오류가 생기더라도 반대쪽에 상보적인 정보가 있기 때문에 잘못된 부분을 고칠 수 있는 편집의 가능성이 있다. 그렇지 않다면 돌연변이가 너무 자주 일어나고, 생명의 질서도 믿을 만한 것이 못되었을 것이다. 물론 돌연변이가 전혀 없다면 진화가 일어날 수도 없다. 그리고 37억 년이 지난 지금도 지구상 모든 생명체는 단세포 세균에 머물러 있을 것이다.

단백질의 기능은 3차원 구조에서 오고, 단백질의 3차원 구조는 1차원적인 아미노산 서열에서 온다. 즉 단백질에서는 3차원 구조를 위해서 1차원 구조가 존재하는 것이다. 그런데 DNA에서는 이 관계가 뒤집어진다. DNA에서 중요한 유전 정보는 네 가지 염기의 1차원적 서열이고, 이를 위해 이중나선의 당-인산 골격이라는 3차원 구조가 존재한다. 그리고 로댕의 '대성당' 같은 두 나선 사이에 평면적인 염기쌍이 들어가서 DNA로 하여금 생명의 핵심 물질이 되게 하는 것이다. 만약 단백질과 DNA가 같은 시기에 발견되었다면 어느 쪽을 'protein'이라고 불렀을지 알 수 없다. 아레시보 메시지에 단백질은 제시하지 않고 DNA 모양을 제시한 것을 보면 아마도 DNA가 'protein'이라는 이름을 선점하지 않았을까 생각된다.

진화의
기록

——————— 아레시보 메시지에는 이중나선의 모양 한 가운데에 인간 유전체의 염기쌍의 수 30억이 표시되어 있다. 그렇다고 해서 우리 몸 전체의 염기쌍 수가 30억인 것은 아니다. 우리 몸에는 60조 내지 100조 개의 세포가 있는데, 염기쌍 수가 30억이라는 것은 하나의 체세포에 들어 있는 DNA의 전체 염기쌍 수를 뜻한다. 따라서 우리 몸 전체의 염기쌍 수를 구하려면 30억에 100조를 곱해야 한다. 그런데 모든 세포는 기본적으로 똑같은 유전 정보를 가지고 있기 때문에 어느 한 세포의 유전 정보를 알면 전체를 아는 것이 된다.

　더 엄밀히 이야기하면 하나의 체세포에 들어 있는 염기쌍의 수는 약 60억이다. 60억 염기쌍으로 기록된 유전 정보 중 반은 아버지의 정자에서 온 것이고, 나머지 반은 어머니의 난자에서 온 것이다. 그런데 인간의 유전 정보는 약간의 개인 차이가 있다고 하더라도 다른 종에 비하면 기본적으로 같다고 볼 수 있기 때문에 아버지의 정보와 어머니의 정보를 구별할 필요가 없다. 그래서 30억 개의 염기쌍만 고려하면 충분한 것이다.

　이 30억 염기쌍에는 최초의 생명체로부터 인간에 이르기까지의 진화 과정이 기록되어 있다. 대장균 같은 단세포 세균은 염기쌍 수가 400만 정도에 불과하다. 인간 유전체에 비해 거의 1000분의 1밖에 안 되는 것이다. 몇 가지 전혀 다른 종의 유전체 크기를 비교하면 다음과 같다.

종	염기쌍 수
간단한 바이러스	3.5 kb (kilobase, 3,500)
대장균	4.6 Mb (megabase, 460만)
효모	12.1 Mb (1,210만)
예쁜꼬마선충	100 Mb (1억)
초파리	140 Mb (1억 4,000만)
애기장대	157 Mb (1억 5,700만)
토마토	900 Mb (9억)
사람	3 Gb (gigabase, 30억)
파리스 자포니카	150 Gb (1,500억)

177

예쁜꼬마선충은 모든 다세포 생물 중에서 유전체의 염기쌍 순서가 완전히 해독된 첫 번째 경우이고, 애기장대는 식물 중에서 첫 번째 경우이다. 예쁜꼬마선충에 대한 연구는 1974년에 브레너Sydney Brenner가 처음 시작했는데, 투명해서 현미경으로 관찰하기 쉬우며, 세대가 짧고 많은 돌연변이체를 가지고 있다. 또 다 자란 예쁜꼬마선충의 세포의 수는 959개이며, 길이는 1 mm에 불과하다. 그래서 예쁜꼬마선충은 동물의 세포 분화를 조사하는 모델 동물로 널리 사용된다. 즉 예쁜꼬마선충이 인간의 모델이 될 수 있는 것이다. 애기장대는 식물 연구의 모델 식물이다. 한편 브레너는 2002년에 노벨 생리의학상 수상 기념 강연에서 인간이 우리보다 더 높은 존재의 모델일지도 모른다는 의미 있는 언급을 했다.

유전체 크기가 가장 작은 바이러스의 염기쌍 수는 대장균의 약 1000분의 1에 불과하다. 바이러스는 독자적으로 살아가고 번식할 능력이 없어 다른 생명체에 기생해서 살아가기 때문에 생명 활동에 필요한 대부분의 유전 정보가 필요 없는 것이다. 그런 의미에서 바이러스는 생물과 무생물의 경계에 위치한다. 생물 중에서는 대장균 같은 세균의 유전체가 가장 작다고 볼 수 있고, 효모, 가장 간단한 동물에 속하는 예쁜꼬마선충, 초파리, 간단한 식물인 애기장대 식으로 유전체가 커지다가 인간이 되면 30억에 달한다. 쥐의 유전체는 25억 개의 염기쌍으로 이루어져 있다.

여러 종들의 DNA 염기 서열을 분석해 보면 종들 사이의 가깝고 먼 관계가 드러난다. 예를 들어 인간과 침팬지는 거의 99%의 염기 서열이 동일하다. 인간과 침팬지의 공통점이 차이점보다 99 : 1의 압도적 비율로 높은 것이다. 생각해 보면 생명체로서 공통적으로 해야 하는 일이 인간만이 할 수 있는 일보다 훨씬 많을 것이다. 오히려 놀라운 것은 그 1%의 차이 때문에 인간은 망원경과 현미경을 만들어서 거시 세계와 미시 세계를 보고, 인쇄술을 발명하고, 산업혁명을 일으키고, 마침내 우주의 기원을 파악하게 되었다는 점이다.

인종 사이의 작은 차이를 염기 서열을 분석해서 조사하면 수만 년 전에 아프리카를 출발해서 한편으로는 유럽 쪽으로 이동해서 정착하고, 다른 한편으로는 아시아 쪽으로 이동해서 베링 해를 건너 북아메리카를 거쳐 남아메리카로 이주한 경로가 확실히 드러난다. 결국 생명체의 진화와 이동의 기록은 한편으로는 화석에, 다른 한편으로는 DNA 염기 서열에 기록되어 있는 것이다.

DNA 염기 서열 중에서 유전 정보의 한 단위에 해당하는 부분을 유전자라고 한다. 백과사전이 유전체라고 한다면 유전자는 '우주', '생명', '대한민국' 등의 하나의 표제어라고 할 수 있다. 따라서 종에 따라 유전체에 몇 개 정도의 유전자가 들어 있는지도 흥미롭다.

종	유전자 수(개)
대장균	약 4,500
효모	약 6,000
초파리	약 14,000
예쁜꼬마선충	약 20,000
사람	약 25,000
애기장대	약 27,000
토마토	약 35,000

외계인에게 DNA 이중나선의 모양과 인간 유전체의 염기쌍 수 30
억을 말하는 것은 우리는 이중나선을 공유하는 지구상 수많은 생물
종의 일부이며, 30억 염기쌍에 기록된 진화의 산물이라는 것을 선언
하는 것이다.

호모 사피엔스

5

만물의
영장

──────── 아레시보 메시지에는 DNA 다음에 사람의 모습이
나온다. 생명의 원소들이 화학 결합을 이루어 만든 네 가지 염기, 그
리고 30억 개 염기쌍으로 유전 정보를 기록하고 있는 DNA를 기반
으로 하는 인간은 과연 어떤 존재인가?

흔히 오늘날 인간을 '현명한 인류' 라는 뜻에서 '호모 사피엔스'
라고 부른다. 그리고 다른 짐승과는 달리 사고력과 판단력을 갖고
있다고 해서 '만물의 영장' 이라고도 한다. 고갱의 그림에서도 인간
이 만물의 중심에서 만물을 다스리는 위치에 있는 것으로 표현되어

있다. 사실 인간을 만물의 영장이라고 하는 것은 인간 중심의 발상인지도 모른다. 생물학적으로 볼 때 대장균은 30분 만에 한 세대를 살고 세포 분열을 해서 대물림을 하므로 한 세대에 대략 20년이 걸리는 인간보다 효율적인 종인지도 모른다. 또 인간은 식물처럼 광합성을 해서 자체적으로 에너지 문제를 해결하지도 못한다. 그러나 우주의 역사를 파악할 지능을 지닌 종은 인간밖에 없다.

앞에서 살펴본 생물의 분류 체계에서 인간은 어디에 속하는지 알아보자. 인간은 일단 진핵생물역에 속한다. 그 다음으로 동물계에 속한다. 그 다음으로는 어류, 양서류, 파충류, 조류 등과 함께 척삭동물문에 속한다. 그 다음 단계는 포유강이다. 인간은 새끼를 낳아 젖을 먹여 기른다. 다음으로 인간은 침팬지, 고릴라, 오랑우탄, 원숭이 등과 함께 영장목에 속한다. 이 대목에서 많은 사람들이 마음의 불편함을 겪는데, 사람은 원숭이와 공통 조상을 가졌을 뿐, 원숭이로부터 진화한 것은 아니다. 다음 단계인 사람과에서는 원숭이가 갈라져 나간다. 침팬지, 고릴라, 오랑우탄은 우리와 같은 사람과에 속한다. 약 240만 년 전에 태어난 사람속에는 현생 인류의 직계 조상, 그리고 도구를 사용하는 원시 인류라는 뜻의 호모 하빌리스, 호모 에렉투스, 네안데르탈인 등 약 10종이 포함된다. 그 중 지금까지 살아남은 종은 현생 인류인 사람종밖에 없다. 이뿐만 아니라 거슬러 올라가서 침팬지, 고릴라만 해도 지구상 극히 일부 지역에서 겨우 종을 유지하고 있다. 그러고 보면 지구 전체에 퍼져 살고 있는 인간은 생존에 성공했을 뿐만 아니라 크게 번영하고 있는 것이 틀림없다.

많은 종교에서는 인간을 영적 존재라고도 하며, 인간을 몸body, 마음mind, 혼spirit의 세 영역으로 구분하기도 한다. 그런데 과학은 관찰하고 검증할 수 있는 것만을 대상으로 하므로 영혼은 과학의 범주에서 벗어난다. 그에 비하면 마음은 두뇌와 신경계 활동의 결과로 과학이 다룰 만하다. 건강한 몸에 건전한 마음이 깃든다는 말이 있듯이 물질로서의 몸을 떠나서는 마음을 생각할 수 없다. 우리는 물질이라는 전제를 떠나서는 '우리는 누구인가?' 라는 질문에 대해 과학적 대답을 할 수 없는 것이다.

원자의 입장에서 '우리는 누구인가?' 라는 질문은 인간이 만물의 영장이 되기 위해서는 어떤 종류의 원자들이 얼마만큼 필요한가, 그러한 원자들은 어디에서 왔는가, 그러한 원자들이 어떤 방식으로 구성되어야 생명체가 될 수 있는가, 그리고 우리는 어떤 과정을 거쳐서 우주를 파악할 수 있는 지능을 갖춘 존재가 되었는가 등의 문제가 될 것이다.

만 몰의
원자

——————————— '우리는 누구인가?' 라는 질문에 대한 과학의 답은
한 마디로 '우리는 빅뱅 우주에서 만들어진 수소와, 별에서 만들어
진 산소, 탄소 등 약 만 몰의 원자로 이루어져서 대사를 통해 일생을
살아가고 생식을 통해 대물림을 하는 지구상의 지적 존재이다.' 라고
말할 수 있다. 만 몰의 원자가 모여 만물의 영장이 된 것이다.

몰 mole은 원자나 분자처럼 작은 입자들을 다룰 때 사용하는 개념
이다. 어떤 입자에 들어 있는 원자나 분자의 수를 센다고 할 때 한
모금의 물에 들어 있는 물 분자의 수는 너무 크기 때문에 원자나 분
자를 포함해서 어떤 입자라도 상관없이 6×10^{23}개가 모인 집단을
그 입자의 1몰이라고 정의한 것이다. 그리고 1몰에 들어 있는 입자
수인 6×10^{23}을 아보가드로수라고 한다. 보다 정확한 아보가드로
수는 6.0221415×10^{23}이다.

사람의 몸에 만 몰의 원자가 들어 있다는 것을 확인해 보자. 사람
의 체중을 대략 60킬로그램이라고 하면 체중의 3분의 2 정도가 물이
므로 사람을 60킬로그램의 물이라고 보아도 원자 수를 따지는 데는
큰 문제가 되지 않는다. 물 한 분자에는 수소 원자 두 개, 산소 원자
한 개, 모두 세 개의 원자가 있다. 따라서 물 1몰에는 3몰의 원자가
있다고 할 수 있다. 그리고 물 1몰에는 원자량이 1인 수소가 두 개,

원자량이 16인 산소가 한 개 있으므로, 물 1몰의 분자량은 18이다. 분자량이 18인 물 1몰은 18그램으로 한 모금 정도 되는 양이다. 물 1몰이 18그램이라면 3개의 원자로 이루어진 물에 들어 있는 원자 1몰은 평균적으로 6그램이라고 볼 수 있다. 물 60킬로그램은 6그램의 만 배에 해당하므로 사람 몸에는 약 만 몰의 원자가 있는 것이다.

아보가드로수를 반올림하면 10^{24}이 되는데 원자의 크기를 짐작하기 위해서 3차원에서 적용되는 10^{24}의 세제곱근을 취하면 10^8이 된다. 그러므로 원자 한 개의 크기는 원자 1몰이 차지하는 1차원적 크기의 10의 8제곱 분의 1($1/10^8$) 정도가 될 것이다. 대부분 원자 1몰을 취하면 그램(g) 단위, 부피로는 세제곱센티미터(cm^3) 단위의 양이 되고, 한 방향으로 보면 센티미터($0.01\ m = 10^{-2}\ m$) 단위의 크기가 된다. 따라서 원자의 크기는 0.01미터의 10^8의 1 정도, 즉 약 10^{-10} 미터인 것을 알 수 있다. 10^{-10}미터를 1옹스트롬이라고도 한다. 그렇다면 아보가드로수는 우리 주위의 세계에서 원자의 세계로 들어가는 통로라고 할 수 있다.

그러고 보면 그리스의 철학자 프로타고라스Protagoras는 인간을 만물의 척도라고 했고, 아레시보 메시지에도 사람의 키를 표시했지만 실은 원자를 만물의 척도라고 보는 것이 더 타당할 것이다. 왜냐하면 인간이 먼저 만들어지고 인간의 크기에 맞추어서 원자의 크기가 정해진 것이 아니고, 원자의 크기가 먼저 결정되고 그 원자가 만 몰

정도 모여서 인간을 만든 것이기 때문이다. 이제부터는 원자의 크기
인 1옹스트롬을 만물의 척도라고 생각하자.

문화인

———————— 인간 활동은 크게 두 가지로 나눌 수 있다. 하나는
생존과 번영에 직접 관련이 있는 활동이고, 다른 하나는 생존과 직
접 관련이 없어 보이는 활동이다. 원시인이 불을 발견해서 추위와
맹수의 위험으로부터 자신을 보호하는 일이나, 암모니아를 합성해
서 질소 비료를 만들어 인류를 기아에서 해방시킨 일은 전자에 속한
다. 한 세대 동안에 100달러 미만의 국민 소득에서 2만 달러를 넘어
선 우리나라의 지난 50년 역사야말로 생존에서 번영으로 나아간 대
표적 성공 신화이다.

그에 비해 외계인을 찾는 것은 외계인의 생존을 확인하는 일은 되
겠지만 우리의 생존, 번영과는 직접적인 관련이 없는 일이다. 우리
는 이러한 종류의 활동을 통해 이루어 낸 인류의 자산을 한마디로
문화라고 한다. 글을 쓰고, 음악을 감상하고, 여행을 하는 일 등이
문화 활동이다. 아레시보 메시지에서는 수십 억의 인류가 물질적인
생존과 번영을 넘어서서 정신적 번영을 추구하는 문화인이라고 말
하고 있는 것이 아닐까 생각된다.

한편 시를 쓰는 일도 사람만이 할 수 있는 문화 활동 가운데 하나
이다. 다음은 『폭풍의 언덕Wuthering Heights』으로 잘 알려진 에밀리 브
론테의 언니이며 『제인 에어Jane Eyre』의 작가인 샬럿 브론테Charlotte
Bronte의 시 '인생'이다. 불행한 삶을 살아간 브론테가 바라본 인생은
어떠했을까?

인생

인생은 정말이지 현자들 말처럼
그렇게 어두운 꿈은 아니랍니다.
가끔 아침에 조금 내리는 비는
화창한 날을 예고하지요.
때로는 우울한 먹구름이 끼지만
머지않아 지나가 버립니다.
소나기가 내려서 장미를 피운다면
아, 소나기 내리는 걸 왜 슬퍼하죠?

이 시에서처럼 소나기가 내려서 피운 장미에는 빗방울이 맺혀 있

다. '장미 위의 빗방울 rain drops on roses' 이라는 말은 영화 "사운드 오 브 뮤직Sound of Music"에도 나온다. 번개와 천둥이 치는 어느 날 밤에 주인공 마리아가 아이들과 함께 침대 위를 뛰어다니며 부르는 노래 의 첫 대목이 'rain drops on roses' 이다. 노래 제목은 '내가 좋아하 는 것들 My Favorite Things' 이다. 마리아는 노래를 통해 겁이 날 때 좋아 하는 것들을 생각하면 겁이 사라질 것이라고 이야기한다. 이 노래에 는 세상에서 좋아할만 한 것들이 수십 가지 나열되어 있는데 그 중 첫 번째가 '장미 위의 빗방울' 인 것이다.

장미 위의 빗방울은 '우주와 생명' 의 축소판이라고 할 수 있다. 빗방울도 장미도 빅뱅 우주에서 만들어진 수소와 별에서 만들어진 무거운 원소로 이루어졌다. 빗방울도 장미도 원자들의 화학 결합을 통해 만들어진 것이다. 그런데 빗방울은 무생물이고 장미는 생물이 다. 그래서 장미는 대사를 통해 공기 중의 이산화탄소와 뿌리로 빨 아들인 물, 그리고 여러 가지 무기질로부터 푸른 잎, 꽃의 색소, 향 기를 만들어 내는 것이다.

아름다움을 즐기는 것은 생존과 번영보다 높은 차원의 인간 활동 이다. 과학을 통해 우주의 기원을 찾고, 외계인과의 대화를 시도하 는 것도 마찬가지이다. 이러한 문화 활동을 떠나서는 인간을 만물의 영장이라고 할 수 없을 것이다. 외계인아, 우리는 문화인이다. 너희 도 문화인인가?

문명인

——————   아레시보 메시지의 마지막에는 아레시보 천문대의
모습이 나온다. 외계 생명체를 찾는 일은 '우리는 누구인가?' 라는
질문과 관련된, 다분히 문화적인 인간 활동이다. 그런데 이러한 일
을 하기 위해 설립된 천문대는 과학 기술의 산물이다. 그래서 이러
한 천문대를 설립할 줄 아는 인간은 문화인인 동시에 문명인이라고
할 수 있다.

문명은 물질적인 면에서 삶의 질을 향상시키는 인간 활동 결과물
의 총체이다. 인류 문명의 여명기에는 불의 사용이 획기적인 사건이
었다. 초기의 연료는 마른 나무와 풀 등 식물성이었으므로 이 시기
는 탄소 시대라고 볼 수 있다. 주성분이 규소인 돌을 활용하기 시작
한 석기 시대는 주기율표에서 탄소 바로 아래 위치한 원소인 규소의
시대이다. 그 다음 청동기와 철기 시대는 주기율표에서 규소보다 한
칸 아래에서 왼쪽에 위치한 구리와 철의 시대이다.

그런데 1945년에 미국 벨 연구소에서 반도체가 발명되면서 문명
을 주도하는 원소가 철에서 다시 규소로 옮겨갔다. 규소가 컴백한
것이다. 요즘은 그래핀, 유기 발광 다이오드OLED 등 탄소 중심 소재
로 회귀하는 분위기이지만 정보화 시대의 주역은 반도체, 광섬유 등
의 주성분인 규소라고 할 수 있다.

규소는 우리가 우주를 이해하는 데도 결정적인 기여를 했다. 유리

의 주성분은 이산화규소인데, 투명하고 쉽게 녹여서 원하는 모양을 만들 수 있어 인류가 별과 은하를 관찰하는 데 크게 기여한 망원경의 렌즈로 많이 사용되었다. 갈릴레이가 인류 역사상 처음으로 망원경으로 하늘을 관찰한 것은 1609년의 일이다. 이와 같이 유리는 약한 빛을 모아서 멀리 있는 천체를 볼 수 있게 하는 데 기여했을 뿐만 아니라 빛을 굴절시키는 프리즘에도 이용되어 빛을 파장별로 분리하는 데도 사용되었다. 영국의 진화 생물학자인 도킨스Richard Dawkins는 분광기를 인류의 가장 위대한 발명품이라고까지 했다. 분광기 덕분에 우리는 별빛의 적색 편이를 관찰하고 우주의 기원을 발견하기에 이른 것이다.

외계인과 교신하는 데는 높은 수준의 기술이 필요하다. 우선 전자기파의 일부로서의 전파를 이해해야 하고, 원하는 파장의 강력한 전파를 만든 후 디지털화한 메시지를 실어서 원하는 방향으로 보내야 한다. 외계로부터 들어오는 전파를 검출하는 데에도 20세기에 발전된 기술이 사용된다. 아레시보 메시지는 100년 전만 해도 상상할 수도 없는 것이었다.

아레시보 천문대를 보여 주면서 우리는 18, 19세기의 산업혁명을 거치고, 20세기의 현대 과학을 통해 정보화 시대를 살고 있는, 그래서 외계인과 대화를 시도할 수 있는 문명인이라는 것을 말하고 싶은 것이 아닐까?

생명의 행성

6

창백한
푸른 점

———— 인간 중심의 사고를 가장 잘 보여 주는 예로 지구
가 우주의 중심이라는 생각, 즉 지구 중심설보다 더 확실한 것은 없
을 것이다. 그러나 생각해 보면 이러한 생각을 탓할 수만은 없다. 해
와 달도, 그리고 밤하늘의 별도 모두 지구를 중심으로 동쪽에서 떠
서 서쪽으로 지는 것 같이 보이기 때문이다.

아레시보 메시지에서 세 번째 행성을 다른 행성보다 살짝 위로 올
려서 그린 것은 우리가 태양에서 세 번째 행성에서 신호를 보내고
있다, 다시 말해 우리는 코페르니쿠스와 갈릴레이 덕분에 태양계에

■ 지구에서 10억 킬로미터 떨어진 우주 공간에서 촬영한 지구

서 우리의 위치를 알고 있다는 겸허한 고백이다. 그런데 지구가 세 번째 행성이라는 것은 우리가 우주의 중심이 아니라는 것 이외에도 지구가 생명의 행성이기 위한 특별한 위치를 의미한다.

1977년 9월 5일에 지구를 떠난 태양계 탐사선 보이저 1호는 1979년에 목성을, 1980년에 토성을 근접 탐사하며 임무 수행을 마쳤다. 그리고 이 계획을 주도했던 세이건은 태양계 평면을 벗어나 10년을 더 여행하던 보이저 호에게 원래 계획에 없었던 특수 임무를 부여했다. 카메라를 태양계 중심 쪽으로 돌려 그때까지 방문했던 행성들을, 다시 말해 태양계 가족사진을 촬영한 것이다. 코페르니쿠스와 갈릴레이가 주장한 대로 지구는 다른 행성들과 함께 태양을 중심으로 공전하고 있었다.

세이건은 1990년에 지구에서 60억 킬로미터 떨어진 우주 공간에서 촬영한 지구를 '창백한 푸른 점the pale blue dot'이라고 불렀다. 지구가 유독 푸른 행성인 이유는 지구 표면의 3분의 2가 물이기 때문이다. 오대양의 물, 빙하, 호수, 강물, 북극과 남극의 얼음을 포함해서 지구 표면의 물을 수권이라고 부른다.

물은 생명에 필수적이기 때문에 외계에서 생명체를 찾을 때는 일단 물이 있는 행성을 찾는다. 지금까지 다른 별 주위를 돌고 있는 행성을 수백 개 발견했고, 그 중 몇 개는 표면에 물이 있을 가능성이 점쳐지고 있지만 액체 상태의 물이 확인되지는 않았다. 또 빛으로도 수십, 수백 년을 가야 하는 거리에 있기 때문에 탐사선이 그곳까지 직접 갈 수도 없고, 반사된 약한 별빛 분석만으로는 확실한 정보를 얻기 어렵기 때문이다.

지구 표면에 액체 상태의 물이 존재하고 그래서 생명체가 번성하는 것은 지구가 태양으로부터 적당한 거리에 있는 세 번째 행성이기 때문이다. 태양계의 8개 행성은 안쪽의 4개의 행성수성, 금성, 지구, 화성과 바깥쪽의 4개의 행성목성, 토성, 천왕성, 해왕성으로 나눌 수 있다. 화성 궤도와 목성 궤도 사이에는 수많은 소행성들이 띠를 이루어 돌고 있는 도넛 모양의 소행성대가 자리 잡고 있다. 태양의 중력과 목성의 중력 사이에서 균형을 잡고 있는 형태로, 만일 목성의 중력이 갑자기 사라진다면 이들은 태양을 향해 돌진할 것이고, 그 중 많은 수의 행성이 지구와 충돌해서 아마겟돈을 연출할 지도 모른다.

바깥쪽 4개의 행성은 목성형 행성 또는 거대 행성이라고 불린다. 이 지역은 온도가 -150℃에서 -200℃에 달하기 때문에 물은 모두 얼음으로 존재하고, 액체 상태의 물은 전혀 찾아볼 수 없다. 따라서 적어도 물에 기반을 둔 생명체는 기대할 수 없다. 토성의 위성 중 하나인 타이탄에는 메테인이 액체로 존재해서 거대한 호수를 이루고 있는 것이 발견되었다. 타이탄에 생명체가 존재한다면 물 대신 메테인을 사용하는 특이한 생명체일 것이다.

한편 목성형 행성의 주성분은 수소와 헬륨인데, 수소와 헬륨의 끓는 점은 각각 -253℃, -269℃이므로 모두 기체 상태로 존재한다. 수소와 헬륨의 질량비는 3 : 1이다.

안쪽 4개의 행성은 지구형 행성이라고 불린다. 화성 표면에는 과거에 물이 흐른 흔적이 있고, 지금도 표면 아래에는 액체 상태의 물이 있는 것으로 추정된다. 또 화성의 극지에는 얼음이 있지만, 적어도 대부분의 표면에는, 생명체를 지탱할 만한 물은 없는 것으로 확인되었다. 화성, 즉 '마스Mars'는 전쟁의 신으로, 붉게 보이기 때문에 불의 행성이라고 이름 붙여졌다. 화성이 붉은 이유는 표면에 붉은 색을 띠는 산화철이 풍부하기 때문이다.

지구보다 태양에 가깝고, 약 100기압에 달하는 이산화탄소의 온실 효과까지 겹친 금성은 표면 온도가 400℃에 달해서 물은 수증기 상태로 존재한다. 금성은 새벽 해뜨기 전에 동쪽 하늘에서 보석 같이 빛난다고 해서 샛별이라고도 불린다. 금성, 즉 '비너스Venus'는 미의 여신이다.

태양에 가장 가까운 수성은 대기도 전혀 없고, 표면에 물도 없는데, 초기에 약간의 물이 있었다고 해도 강렬한 자외선에 의해 모두 분해되었을 것이다.

그러고 보면 지구가 물의 행성, 생명의 행성인 중요한 이유는 태양으로부터 적절한 거리에 있기 때문이다. 지구 표면의 평균 온도는 15℃ 정도인데, 이처럼 온화한 온도에서 물H-O-H은 액체이고 수소H-H는 기체인 이유는 무엇일까? 물과 수소의 차이를 살펴보면 2개의 수소가 직접 결합했는지, 중간에 산소가 끼어 있는지의 차이뿐이다. 그렇다면 물과 수소의 차이를 가져오는 것은 산소임에 틀림없다.

물에서 수소와 산소의 결합도, 수소 분자에서 수소와 수소의 결합도 앞에서 살펴본 공유 결합이다. 그렇지만 두 경우에 공유의 정도가 서로 다르다. 수소 분자에서는 공유한 두 개의 전자를 두 원자가 똑같이 50 : 50으로 나누어 가진다. 둘 다 같은 수소이기 때문에 어느 한쪽으로 치우칠 이유가 없는 것이다. 결국 전자를 하나 내놓고 하나에 대한 권리를 그대로 가지고 있는 것과 마찬가지이다.

물의 O−H 결합에서는 산소가 수소보다 공유한 전자를 더 많이 끌어당겨 산소와 수소가 75 : 25 정도의 비율로 나누어 가진다고 볼 수 있다. 산소가 수소보다 전자를 많이 끌어당기는 이유는 산소의 핵에는 양성자가 8개 있어서 핵전하가 +8인데, 수소의 핵전하는 +1이기 때문이다.

산소는 원래 중성인데 전자를 끌어당겨 약간의 (−) 전하를 띠게 되고, 전자를 내어 준 수소는 약간의 (+) 전하를 띠게 된다. 물은 직선이 아니라 굽은 모양으로 양쪽 끝의 수소는 (+) 전하를, 가운데의 산소는 (−) 전하를 가지고 있어서 마치 작은 자석 같은 성질을 가지게 된다. 자석을 여러 개 섞어 놓고 마구 흔들면 하나의 자석의 N극이 다른 자석의 S극을 끌어당겨서 결국 모든 자석이 한 덩어리로 뭉치게 되는 것과 마찬가지이다.

한편 자석의 성질이 없는 작은 나무 막대기를 여러 개 섞어 놓고 흔들면 서로 끄는 힘이 없기 때문에 제각기 흩어질 것이다. 수소 분자는 −269℃ 이상의 온도에서 기체로 바뀌는데, 이것은 분자 사이에 끄는 힘이 아주 약하기 때문이다. −269℃에서는 기체에서 액체로 바뀌고, 더 낮은 온도에서 액체인 수소는 −269℃에 도달하면 기체로 바뀐다. 그래서 수소의 끓는점은 −269℃라고 말한다.

나무 막대기와 자석이 다르듯이 서로 끄는 힘이 다른 수소 분자와 물은 끓는점이 각각 −269℃와 100℃로 무려 369℃의 차이를 나타낸다. 끓는점의 차이는 분자 사이의 힘 또는 상호 작용의 차이를 잘 반영한다. 어는점도 마찬가지이지만 어는점은 끓는점보다 낮기 때문에 측정하기가 어려워 끓는점을 분자 간 상호 작용의 척도로 더 많이 사용한다.

물 한 잔을 놓고 생각해 보면 일단 물 분자들은 분자 간 상호 작용을 통해 뭉쳐서 액체 상태로 존재한다. 물 분자 하나를 보면 수소 원자들과 산소 원자가 전기적 힘으로 결합되어 있다. 이러한 화학 결합은 원자 간 상호 작용이다. 원자 내부의 상호 작용은 원자핵과 전자 사이의 전기적 상호 작용과 원자핵 내부에서 작용하는 쿼크 사이의 강한 상호 작용으로 나눌 수 있다.

이처럼 깊이 들어갈수록 입자 사이의 상호 작용이 강하고, 초기 우주의 온도가 높은 상황에서 이루어진 결합에 해당한다. 137억 년 동안 우주가 팽창하면서 우주 공간의 온도는 우주배경복사의 온도인 절대 온도 3 K까지 떨어졌다. 3 K는 헬륨도 액체로 바뀌는 온도이다. 그런데 지구는 태양이라는 별에서 그다지 멀지 않기 때문에 우주배경복사 온도의 100배 정도인 300 K 정도의 온화한 환경이 되었다. 지구가 태양으로부터 약간 더 멀어서 연중 평균 온도가 −20℃

정도였다면 액체 상태의 물을 찾아보기 힘들고, 생명이 태어나서 진화하기도 어려웠을 것이다.

여기서 물을 만드는 수소와 산소의 개성 차이를 정리해 보자. 자연에는 90가지 정도의 원소가 있지만 우리 주위에서 쉽게 찾아볼 수 있는 원소는 20가지 정도이다. 따라서 H –H, O = O처럼 20가지 원소가 같은 원소끼리 결합한 물질은 20가지밖에 없지만 서로 다른 원소끼리 결합한 화합물의 종류는 수천만에 달한다. 만일 원소들이 개성이 없고 성질이 비슷하다면 이렇게 다양하고 흥미로운 물질세계가 만들어질 수 없었을 것이다. 원소의 가장 중요한 개성은 결합을 위해 공유한 전자를 얼마나 자기 쪽으로 끌어당기는가에 있다. 전자에 대한 욕심이라고 해도 좋을 것이다.

산소의 경우에서 보았듯이 음전하를 가진 전자를 끌어당기면 끌어당긴 쪽이 약간의 음전하를 갖게 되고, 전자를 내어 준 쪽은 반대로 양전하를 가지게 될 것이다. 이와 같이 전자를 끌어당겨서 전기적으로 음성이 되려는 정도를 전기음성도electronegativity라고 한다. 산소는 대표적으로 전기음성도가 높은 원소이고, 수소는 상대적으로 전기음성도가 낮은 원소이다. 그래서 수소와 산소가 결합하면 많은 열이 나오면서 안정한 물이 만들어진다. 인간 사회에서도 소유욕이 많은 사람이 주는 것을 좋아하는 사람을 만나면 안정되고 평화로운 관계가 이루어지는 것과 마찬가지이다.

산소의 높은 전기음성도 때문에 물은 유난히 높은 끓는점을 가진다. 이것은 물 분자들 사이에 수소 결합이 이루어지기 때문이다. 산소 때문에 수소 결합이 이루어진다는 것은 무슨 말일까?

물에서 수소로부터 전자를 얻어 음전하를 띠고 있는 산소가 이웃한 물 분자를 만나면 어떤 배치를 갖게 될까? 만약 산소끼리 만나게되면 두 개의 자석을 같은 극끼리 갖다 대는 것과 같아서 서로 밀치면서 멀어질 것이다. 이어 방향을 바꾸어 반대 극끼리 만나면 안정해지듯이, 산소는 양전하를 가지는 수소와 만나 서로 끌리게 될 것이다. 이때 산소와 수소가 끌리는 힘은 하나의 물 분자 내에서 산소와 수소가 공유 결합을 이루는 힘의 10분의 1 정도로 약하다. 그러나 상온에서 물을 액체로 만들기에는 충분히 강하다. 이렇게 가운데 수소가 끼어서 두 분자를 약하게 결합시키는 것을 수소 결합이라고 한다. 한편 전기음성도에 입각해서 수소 결합을 설명한 사람은 20세기의 대표적인 화학자 가운데 한 명인 폴링Linus Pauling이다.

수소 결합은 물을 지구 환경에서 액체로 만들어 준다는 점에서도 중요하지만, 앞에서 보았듯이 A－T, G－C 사이의 결합을 통해 DNA의 두 나선을 붙잡아 준다는 면에서도 매우 중요하다. 수소 결합은 아미노산들 사이의 상호 작용을 통해 단백질의 3차원적 구조를 만들기도 한다. 수소 결합이 없다면 우리와 같은 생명체가 있을 수 없다.

외계인에게 태양계에서 지구의 위치를 말하는 데는 우리는 물을 떠나서는 살 수 없는 생명체라는 뜻도 있다. 외계인아, 그곳에도 물은 있는가? 그리고 전기음성도가 높은 산소는? 수소는 있겠지! 우주에서 가장 풍부한 원소가 수소이니까. 수소 결합도 있는가?

산소의
지구

———————— 우주를 구성하는 원소 중 질량의 4분의 3 정도는 가장 가벼운 원소인 수소이다. 노자가 태일생수라고 말했던 물을 만드는 원소인 수소인 것이다. 태양계에서 목성형 행성에는 수소가 풍부하지만 지구에는 수소가 별로 없다. 가벼운 수소는 태양이 에너지를 낼 때 바깥쪽으로 밀려 나갔기 때문이다.

반면 지구에는 예외적으로 산소가 풍부하다. 지구와 가까이 있는 금성은 대기압이 약 100기압으로, 산소가 거의 없다. 대기의 대부분이 이산화탄소이며 약간의 질소가 있다. 화성의 대기압은 약 0.01기압인데, 금성과 마찬가지로 대기의 대부분이 이산화탄소와 질소이다. 그런데 금성과 화성 중간에 위치한 지구는 대기압이 1기압으로, 그 중 78%가 질소이고, 21%는 산소이다.

인간은 육상 동물이기 때문에 공기 중의 산소를 받아들여 호흡한다. 그리고 호흡한 산소를 통해 음식물로 섭취한 탄수화물이나 지방을 산화시켜 에너지를 얻는다. 이 에너지를 이용해서 수렵, 농경, 운동 등의 육체 활동뿐만 아니라 두뇌 활동 등 모든 생명 활동을 하는 것이다. 즉 산소가 없으면 인간은 생명 활동을 할 수 없다. 두뇌 활동은 특히 많은 에너지를 필요로 하는데, 바닷물에도 약간의 산소가 녹아 있어서 수중 생물이 살아갈 수 있지만 육상에서처럼 왕성한 두뇌 활동은 할 수 없다. 공기 중에 산소가 풍부한 것은 천만다행이다. 그렇다면 왜 지구의 대기만 이렇게 산소가 풍부한 것일까?

금성이나 화성과 달리 지구의 대기에 산소가 풍부한 것은 지구에 광합성을 하는 광합성 세균이나 식물 같은 생명체가 있기 때문이다. 그리고 동물은 이들이 만들어 낸 산소를 사용해서 에너지를 얻어 생활한다. 지구상의 생명체는 한편으로는 산소를 만들어 내고, 다른 한편으로는 전기음성도가 높은 산소를 사용해서 살아가는 것이다. 그런 의미에서 산소는 전 지구적인 생명 현상의 중심에 있다고 해도 과언이 아니다. 그리고 이러한 산소를 만들어 내는 광합성이 태양으로부터 적절한 거리에 위치해서 충분히 태양 에너지를 받아들이고, 광합성에 필요한 물을 지니고 있는 지구에서만 일어날 수 있다는 것은 우리를 포함해서 지구상 모든 생명체에게 매우 중요한 일이다. 그렇다면 지구의 대기와 관련해서 광합성에 대해 살펴보자.

우주에 비해 지구상에는 수소가 많지 않다. 그나마 있는 수소도 이미 산소와 결합해서 물로 존재한다. 전기음성도가 높고 이에 따라

반응성도 높은 산소는 수소를 산화시켜서 물로 바꿀 뿐만 아니라, 지각의 주성분인 규소를 이산화규소로 산화시킨다. 탄소는 산화된 이산화탄소 기체로 공기 중에 존재한다.

그런데 이미 산화되어 있는 물이나 이산화탄소는 우리와 같은 동물의 에너지원이 될 수 없다. 위치 에너지가 낮아져서 더 이상 산화시킬 수가 없기 때문이다. 우리나라 동해의 수위 차이를 이용해서 수력 발전을 할 수 없는 것과 마찬가지이다.

그러나 동해가 태양 에너지에 의해 증발해서 빗물이 되어 백두산 천지를 채우면 위치 에너지가 높아지고 수력 발전의 가능성이 열린다. 그렇다면 이미 동해가 된 물과 이산화탄소를 어떻게 에너지가 높은 상태로 끌어올릴 수 있을까?

우리가 음식을 먹고 산화시키면서 날숨을 통해 이산화탄소를 배출하는 것을 보면 호흡의 핵심은 탄소를 산화시키면서 에너지를 얻는 것이라는 것을 알 수 있다.

$$C + O_2 \longrightarrow CO_2$$

우리가 흔히 탄수화물이라고 부르는 녹말이나 포도당에서 우리가 필요로 하는 부분은 수소나 산소가 아니라 탄소라는 뜻이다. 그렇다면 탄수화물은 문자 그대로 탄소가 수화, 즉 물에 의해 둘러싸인 것이라고 볼 수 있다. 문제는 산소와 결합해서 산소에 전자를 내어 주고 있던 이산화탄소의 탄소가 어떻게 다시 산화될 수 있는 탄수화물의 탄소 상태로 바뀔 수 있느냐이다.

이미 산화되어 있는, 즉 전자를 내어 준 이산화탄소의 탄소가 전자를 되찾아 원래 상태로 환원되려면 산소에 탄소보다 전자를 더 내어 주는 다른 원소를 소개해 주는 수밖에 없다. 이러한 원소로는 수소를 당할 원소가 없다. 수소는 탄소보다 전기음성도가 약간 낮다. 그런데 물의 수소는 이미 산화되어 산소에 전자를 내어 주고 있다. 따라서 누군가가 해야 할 일은 에너지를 공급해서 물의 전자를 떼어 내는 것이다. 물론 이때 수소는 산소에 내어 주었던 전자를 되찾아 가지고 나와야 한다. 그래야 이산화탄소의 산소에 그 전자를 내어 주고 탄소로 하여금 산소에 주었던 전자를 되찾게 해 줄 수 있다. 나중에 우리가 호흡한 산소는 탄소에게서 그 전자를 끌어당기며 안정을 찾는다.

광합성의 전체 반응식은 다음과 같다.

$$6CO_2 + 12H_2O \longrightarrow C_6H_{12}O_6 + 6H_2O + 6O_2$$

이 식을 보면 왜 물이 양쪽에 나오는지 의문이 든다. 양쪽에서 $6H_2O$를 빼어 버리면 안 될까? 탄소가 6개 들어 있는 6탄당인 포도당을 만들려면 탄소가 하나 들어 있는 CO_2가 6개 필요하다. 그런데 $6CO_2$에는 산소 원자가 12개 들어 있다. 이 12개의 산소 원자가 수소를 만나서 물이 되려면 24개의 수소 원자가 필요하다. 24개의 수소 원자가 물에서 와야 하기 때문에 $12H_2O$가 필요한 것이다.

그렇다면 생성물인 탄수화물이 $C_6H_{24}O_{12}$가 되어야 하지 않을까? 만일 탄수화물이 탄소와 물의 혼합물이라면 가능하다. 그러나 포도당은 탄소와 물이 화학적으로 결합한 화합물이다. 따라서 탄소, 수소, 산소 원자들은 옥텟 규칙을 지켜야 한다. 광합성에서는 옥텟 규칙을 만족하는 안정한 포도당이 만들어지고 남는 $6H_2O$가 부산물로 나오는 것이다.

우리가 지금 호흡하고 있는 공기 중의 산소는 이산화탄소에서 왔을까, 물에서 왔을까? 광합성 식에서 알 수 있듯이 $6CO_2$에 들어 있던 12개의 O 중에서 6개는 $C_6H_{12}O_6$에 들어 있고, 나머지 6개는 $6H_2O$에 들어 있다. 공기로 나온 $6O_2$는 $12H_2O$가 햇빛에 의해 분해되어 나온 것이다. 그러고 보니 물은 물 자체로서 생명에 필수적일 뿐만 아니라 공기 중의 산소를 제공한다는 점에서도 우리에게 황금보다 귀중한 물질이다.

동식물이 광합성의 부산물인 산소를 통해 전 지구적으로 연결되어 있다는 것을 처음 깨달은 것은 영국의 목사이면서 화학자였던 프리스틀리이다. 그는 밀폐된 공간에서는 양초도 오래 타지 못하고, 쥐도 오래 살지 못하지만, 식물을 같이 넣어 주면 좀 더 오래 사는 것을 관찰했다. 그리고 이를 통해 식물이 공기 중에 생명에 필수적인 어떤 물질을 만들어 낸다는 것을 알게 되었다. 프리스틀리는 스웨덴의 셸레Karl Scheele, 프랑스의 라부아지에와 함께 산소의 발견자로 인정받고 있다. 그는 심지어 순수한 산소는 양초를 태우는 효과가 공기의 5배 정도라는 것도 밝혔다.

광합성에서 태양 에너지의 역할은 물에서 수소와 산소의 결합을 끊고 수소를 떼어 내는 것이다. 아이러니하게도 수소를 떼어 내는 데 필요한 태양 에너지는 수소의 핵융합에서 나온 것이다.

외계인아, 너희도 지구의 우리처럼 너희 별에서 적당한 거리에 있겠지! 그곳에도 산소가 있는가? 그곳에서는 누가 광합성을 하는가?

떠도는 지각

지금까지는 지구가 태양계의 세 번째 행성으로 태양에서의 거리가 생명이 태어나고 살아가기에 적당하다는 이야기를 했다. 이번에는 지구의 크기에 대해 생각해 보자.

지구 표면에서 수직 방향으로 파고 들어가면 100미터마다 약 3℃씩 온도가 올라간다. 그래서 깊은 탄광에서 석탄 등을 채굴하는 사람들은 극심한 더위에 시달린다. 지구 중심 온도는 6천 도 정도로 태양의 표면 온도와 비슷하다. 이처럼 온도가 높고 압력도 높은 지구 중심에는 철과 니켈이 고체 상태로 존재하는 내핵이 있다. 내핵 밖에 온도가 조금 낮은 부분에는 철과 니켈이 녹아 있는 상태의 외핵이 있다. 내핵과 외핵을 합하면 대략 삶은 계란의 노른자 정도에 해당한다.

흰자에 해당하는 부분은 마그마라고 불리는 용융 상태의 암석이다. 화산 폭발 때 볼 수 있는 시뻘건 용암이 바로 마그마이다. 계란 껍데기에 해당하는 부분이 지각인데, 지각에는 해양 지각과 대륙 지각이 있다. 마그마는 밀도가 중심핵보다는 낮지만 지각보다는 높아서 아래로 가라앉은 것이다. 마그마의 꼭대기 부분과 지각을 합해서 지권이라고 한다.

한편 마그마가 식어서 생긴 대표적인 암석에는 감람석이 있다. 감람나무라고도 불리는 올리브 나무가 많이 자라는 지중해 지역은 한때 올리브기름으로 세계 경제를 주름잡고, 문명을 주도했던 바로 그리스 문명의 중심지이다. 감람석이 짙은 녹색과 비슷한 올리브색을 띠는 이유는 기본적인 암석 구조의 틈새에 작은 마그네슘 이온(Mg^{2+})이 빼꼭하게 끼어 있기 때문이다. 그래서 감람석은 밀도가 높다. 흥미롭게도 녹색 식물의 엽록소에도 마그네슘 이온이 들어 있다. 마그네슘은 식물의 광합성에 관여하는 모든 효소에 보조 인자로 작용하므로 마그네슘이 결핍되면 엽록소가 만들어지지 못해 식물의 잎이 누렇게 변하고 심하면 식물 조직이 죽게 된다.

뜨거운 마그마가 보다 더 뜨거운 핵과 만나는 부분에서는 온도가 더 올라가서 대류가 일어난다. 이처럼 지구는 대류를 하는 마그마 위에 10개 정도의 지판이 올라앉아서 서서히 움직이고 있는 형태이다. 그리고 지판이 만나는 경계의 틈으로 마그마가 올라와서 화산이 되고, 지진이나 해일을 일으키기도 하며, 지판이 충돌하면서 산맥이 형성되기도 한다. 과거 수억 년에 걸쳐서 지판이 합쳐지고 갈라지고 이동하면서 현재 지구 표면의 모습을 만들어 냈다. 공룡이 득세하던 중생대에는 한반도가 적도 지역에 있었다고 한다.

지판의 운동은 생물의 진화 경로에도 큰 영향을 끼쳤다. 1915년에 베게너Alfred Wegener가 대륙 이동설에서 주장했듯이 먼 과거에 모든 대륙이 판게아라는 하나의 대륙으로 연결되어 있다가, 지금처럼 유라시아, 남북 아메리카, 아프리카 등으로 갈라지면서 해류의 흐름이 크게 달라졌다고 한다. 예를 들면 아메리카와 유럽이 갈라지면서 따뜻한 멕시코 만의 해류가 유럽의 북해까지 올라가 영국 등 북유럽의 기후를 위도에 비해 온난하게 만들었다. 인류 문명이 기후와 직결된 것을 생각하면 오늘날의 우리는 지판 이동의 결과라고 해도 과언이 아닐 것이다.

그런데 이러한 판 구조는 지구의 크기와 밀접한 관련이 있다. 판 이동의 동력은 마그마의 대류인데, 마그마가 대류를 하는 것은 지구의 내부 온도가 높기 때문이다. 지구의 내부 온도에는 두 가지 요인이 작용하는데, 하나는 중력 수축이고 다른 하나는 방사능 붕괴이다. 중력 수축에 의해 온도가 올라가는 것은 별이 태어나는 과정에서 살펴보았다. 온도가 충분히 올라가려면 지구가 어느 정도 크고 질량이 충분해야 한다. 또 지구 내부에는 여러 가지 방사능 물질이 있어서 이들이 붕괴하면서 내는 에너지에 의해서도 지구 내부의 온도가 올라간다. 이 경우에도 지구가 충분히 커야 많은 방사능 물질을 가지게 된다.

화성처럼 비교적 작은 행성은 중력 수축에 의한 온도 상승과 방사능 붕괴에 의한 온도 상승 모두 지구보다 낮다. 더욱이 크기가 작으면 전체 부피에 비해 표면적이 크기 때문에 빨리 식는다. 이 때문에 화성은 초기에는 화산 활동이 있었지만 현재는 내부의 에너지가 거의 다 빠져나가서 더 이상 판 구조를 가지지 못한다. 화성의 중심 온도는 지구 중심 온도의 반인 3천 도 정도로 추정된다. 지구가 깊은 바다와 높은 산, 그리고 넓은 평야를 가지고 인간에게 삶의 터전을 제공하는 데에는 지구의 크기가 중요한 요인으로 작용했다는 것을 알 수 있다.

지각에 대해 한 가지 더 짚고 넘어가자. 우리가 디디고 사는 대지의 주성분은 이산화규소이다. 규소는 주기율표에서 탄소와 같은 족에 속한다. 그래서 이산화탄소와 같은 화학식을 가진 이산화규소를 만드는 것이다. 그런데 이산화탄소는 기체인데 비해 이산화규소는 고체이다. 이산화탄소는 기체여서 우리가 날숨을 통해 쉽게 배출하고, 식물이 쉽게 공기로부터 얻어서 광합성에 사용한다. 그리고 이산화규소는 고체라서 우리가 디디고 설 수 있게 한다. 만일 이산화규소가 이산화탄소와 같이 기체였다면 우리가 디디고 설 대지도, 농사를 지을 땅도 없었을 것이다. 그리고 아마도 우리는 천사처럼 날아다니며 살아야 했을지도 모른다.

외계인아, 우리의 터전은 대지다. 그곳에도 대지가 있는가?

우연과 필연의 이중성

7

역사란
무엇인가?

———————   137억 년의 우주 역사를 통해서 현 시점에 우리가

지구라는 행성에서 문화인으로, 또 문명인으로 살아가는 것은 우연

일까, 필연일까? 이러한 질문을 가지고 우주 역사를 다시 한 번 정리

해 보자.

우주의 진화는 초기 우주에서의 입자의 진화, 그 후 몇 억 년 후에

별이 태어나면서부터 지금까지 진행 중인 별의 진화, 약 40억 년 전

초기 지구에서 간단한 화합물로부터 생명에 필수적인 아미노산, 뉴

클레오타이드, 세포막의 인지질 등이 만들어지는 화학적 진화, 생명

이 태어나서부터 지금까지 종의 다양화가 이루어진 생물학적 진화, 그리고 마지막으로 영장류로부터 오늘날의 호모 사피엔스에 이르는 인류의 진화로 나눌 수 있다. 인류의 진화는 크게 보면 생물학적 진화의 일부이다.

진화evolution라는 말에는 어느 방향으로 나아간다는 의미가 들어 있는데 진화의 최종 산물이라고 볼 수도 있는 인간이 지적 존재이기 때문에 진화는 발전과 같은 뜻으로 해석하기 쉽다. 또 'evolution'이라는 단어의 어원에는 두루마리를 펼친다는 뜻이 있어서 미리 진화의 방향이 정해진 것처럼 생각할 수도 있다. 그러나 진화는 근시안적이고 장기적인 안목이 없다. 그리고 진화의 동력인 입자의 충돌이나 돌연변이 등은 모두 무작위적이고 확률적이다. 지구가 온화한 생명의 행성이 된 것은 여러 행성 중에서 그 위치에 있었기 때문일 뿐이다. 노자의 천지불인天地不仁과도 통하는 듯하다.

한편 자연을 깊이 이해할수록 현재의 우주가 만들어지기 위한 계획이 이미 빅뱅의 순간에 마련되어 있는 것 같은 느낌을 피할 수 없다. 업쿼크와 다운쿼크의 전하도 그렇고, 강한 핵력과 전자기력의 크기의 차이도 그렇다. 초기 우주의 팽창 속도가 100만 분의 1 정도만 느리거나 빨랐다면 현재와 같은 우주가 될 수 없었다고 한다. 아인슈타인이 말한 대로 양성자와 전자의 전하가 부호만 반대이고 절댓값의 크기가 완전히 같다는 것도 신비에 속한다. 돌연변이도 제멋

대로 일어나지는 않는다. 돌연변이가 일어난 DNA 부위에서도 옥텟 규칙은 지켜진다.

영국의 역사학자 카Edward Carr는 자신의 저서 『역사란 무엇인 가?What is History?』라는 책을 통해 역사에서 어떤 사건은 우연을 매개로 해서 필연적으로 일어난다고 했다. 그러고 보면 우리가 여기에 있는 것은 수많은 우연적 사건을 매개로 한 필연적 사건이 아닐까? 그렇다면 우연과 필연은 양자택일의 문제가 아니라 이중적인 것이 아닌가 생각된다.

파동 – 입자
이중성

───────── 물질도 빛도 입자성과 파동성을 동시에 가진 이중적 존재이다. 빛의 파동성은 영Thomas Young의 2중 슬릿 실험을 통해 잘 설명된다. 2중 슬릿 실험은 단색광을 단일 슬릿에 비춘 후 다시 2중 슬릿을 통과시켜 스크린에 나타나는 현상을 관찰하는 것이다. 실험 결과 단색광이 스크린에서 어느 정도 거리가 떨어진 두 개의 가는 슬릿을 통과하면 각각의 슬릿에서 새로운 파를 만들고, 이 두 파가 두 번째 스크린에 간섭무늬를 나타내는데, 이러한 현상은 빛이 파동성을 가지고 있다는 것을 의미한다.

　20세기에 들어와서 독일의 물리학자 라우에Max von Laue가 X선이 파장이 아주 짧은 전자기파라는 것을 증명해서 빛의 파동성을 가시광선으로부터 눈에 보이지 않는 X선까지 확장했다. 빛의 파동성 때문에 나타나는 회절 현상의 발견으로 X선을 이용해서 단백질, DNA 등의 생체 분자에서의 원자들의 위치를 알아낼 수 있게 되었다.

　물질의 입자성은 원자, 원자핵, 전자, 쿼크 등의 입자를 생각해 보면 쉽게 이해할 수 있다. 그런데 빛의 입자성과 물질의 파동성은 우리의 상식과 위배된다. 입자라고 하면 하나둘씩 셀 수 있는 불연속적인 것인데, 빛이 어떻게 연속적인 파동이면서 동시에 불연속적인 입자가 될 수 있다는 말인가?

　빛을 파동으로만 보는 경우 설명할 수 없는 현상 중에 광전 효과가 있다. 금속에 빛을 쪼이면 전자가 튀어 나와 전류가 흐르는데, 금속의 종류에 따라 일정한 파장보다 짧은, 즉 진동수가 높은 빛을 쪼여야만 전류가 흐른다. 이 현상을 이해하기 위해 당구대에 놓여 있는 당구공을 생각해 보자. 당구공을 좁쌀알로 때리면 수백 번을 때려도 꼼짝도 하지 않는다. 그러나 적절한 질량(m)을 가진 물체를 적절한 속도(v)로 던져서 그 곱, 즉 운동량(mv)이 당구공과 당구대 사이의 마찰을 극복하기에 충분하면 당구공이 움직인다. 광전 효과는 이처럼 빛이 입자의 성질을 가지는 것을 보여 준다. 금속이 전자를 붙잡고 있는 에너지보다 큰 에너지를 가진 빛 입자로 금속을 때리면 전자가 튀어 나가는 것이다.

아인슈타인은 1905년에 빛을 입자로 취급해서 광전 효과를 설명한 업적으로 1921년에 노벨 물리학상을 수상했다. 이 빛 입자를 광자photon라고 이름 지은 것은 옥텟 규칙으로 알려진 루이스였다.

상대성 이론이 아인슈타인의 가장 위대한 업적인 것은 틀림없다. 그렇지만 아인슈타인은 상대성 이론으로 노벨상에 추천될 때마다 떨어졌다고 한다. 심사위원들이 내용을 잘 이해하지 못해 선정하기 곤란했을 것이다.

이제 남은 것은 물질의 파동성이다. 본격적인 양자역학이 막 태동하는 1924년에 프랑스의 물리학자 드브로이Louis de Briglie는 물질도 파동성을 가진다는 획기적인 이론을 내놓았다. 그의 이론은 가속된 전자가 빛과 같이 회절 현상을 일으킨다는 실험 결과를 통해 증명되었다. 드디어 빛과 물질의 파동-입자 이중성의 증명이 완결된 것이다. 드브로이는 1929년에 노벨 물리학상을 수상했다.

파동-입자 이중성에 관련해서 노벨 물리학상을 수상한 대표적인 경우를 정리해 보자. 괄호 안은 수상 연도이다.

	파동	입자
빛	라우에 (1915년)	아인슈타인 (1921년)
	X선의 회절	광양자설
물질	드브로이 (1929년)	톰슨 (1906년)
	물질파 이론	전자 발견

사실 파동-입자의 이중성은 인간의 머리로는 받아들이기 어렵다. 그래서 한때 물리학자들 사이에 우스갯소리로 월수금은 파동설을, 화목토는 입자설을 받아들이자고 했었다는 이야기도 있다.

빛과 물질의 이중성이 자연의 비밀이듯이 우주 진화의 역사에서 우연과 필연의 이중성은 우주의 깊은 비밀이 아닐까?

III

우리는
어디로
가는가?

Where are we going?

국화 옆에서

- 서정주

한 송이의 국화꽃을 피우기 위해

봄부터 소쩍새는

그렇게 울었나 보다.

한 송이의 국화꽃을 피우기 위해

천둥은 먹구름 속에서

또 그렇게 울었나 보다.

그립고 아쉬움에 가슴 조이던

머언 먼 젊음의 뒤안길에서

인제는 돌아와 거울 앞에 선

내 누님같이 생긴 꽃이여

노오란 네 꽃잎이 피려고

간밤엔 무서리가 저리 내리고

내게는 잠도 오지 않았나 보다.

국화 옆에서

－작자 미상

한 송이의 국화꽃을 피우기 위해

빅뱅 우주는

그렇게 수소를 만들었나 보다.

한 송이의 국화꽃을 피우기 위해

우주는 별 속에서

또 그렇게 무거운 원소들을 만들었나 보다.

그립고 아쉬움에 가슴 조이던

머언 먼 과거의 우주 공간에서

인제는 돌아와 대지 위에 선

내 누님같이 생긴 꽃이여.

노오란 네 꽃잎이 피려고

수소는 탄소, 질소, 산소와 결합을 이루고

엽록소는 여름 내내 광합성을 했나 보다.

고갱은 '우리는 어디에서 왔는가, 우리는 누구인가'에 이어 '우리는 어디로 가는가'에 대해 묻는다. '우리는 어디로 가는가'에 대한 과학적 대답을 찾기에 앞서 현재를 다시 한 번 정리해 보자.

이 시는 서정주 시인의 '국화 옆에서'를 우주와 생명의 주제에 맞추어 개작한 것이다. 한마디로 지구상의 모든 생명체는 빅뱅 우주에서 만들어진 수소와 별에서 만들어진 무거운 원소들이 광합성을 통해 에너지를 얻으며 살아가는 존재이다. 국화도 시인도 모두 우주 진화의 산물이다. 그렇다면 '우리는 어디로 가는가?'라는 질문은 태양 에너지는 언제까지 지속될 것인가, 지구는 언제까지 생명을 지탱할 수 있는 환경을 유지할 것인가 등으로 압축될 것이다.

불과 얼음

2

Fire and Ice

- Robert Frost

Some say the world will end in fire,

Some say in ice.

From what I've tasted of desire

I hold with those who favor fire.

But if it had to perish twice,

I think I know enough of hate

To say that for destruction ice

Is also great

And would suffice.

불과 얼음

－프로스트

어떤 사람은 세상이 불로 망할 것이라 말하고

어떤 사람은 얼음이라 말하네.

내가 욕망을 맛본 바로는

나는 불이라는 사람 편을 들겠네.

그러나 두 번 망해야 한다면

나는 증오에 대해 알만큼 알기에

얼음도 위력이 대단하고

멸망하기에 충분하다고 말하겠네.

1920년 12월에 『하퍼즈지Harper's magazine』에 발표된 미국 뉴잉글랜드의 시인 프로스트Robert Frost의 'Fire and Ice'라는 제목의 시는 욕망과 증오라는 인간 파멸의 두 길에 대해 이야기한다.

이 시를 우주와 생명의 역사에 대입하면 인류의 장래와 놀라울 정도로 잘 맞아 떨어진다. 태양은 약 50억 년 전에 태어났는데, 이때 약 100억 년 융합해서 에너지를 낼 수 있는 정도의 수소를 가지고 있었다. 지금은 수소의 반 정도를 사용한 셈이다. 약 50억 년 후에 수소가 다 고갈되면 주계열성인 태양은 적색 거성으로 바뀐다. 이것은 흔들릴 수 없는 사실이다. 태양이 적색 거성이 되면 100배 정도까지 커지는데, 그때가 되면 태양 표면이 수성을 넘어서고 지구 표면 온도는 수백 도에 달해서 그 전에 이미 모든 생명은 종말을 맞을 것이다. 프로스트가 말한 대로 우리는 불로 망하는 것이다. 여러 종교에서 지옥을 유황불이 타는 곳으로 묘사하는 것도 일리가 있다.

만일 지구와 생명이 두 번 망한다면 두 번째는 얼음처럼 냉혹한 종말이 될 것이다. 우주가 팽창을 계속하면 언젠가는 별과 은하도 모두 사라지고, 우주의 온도는 현재의 3 K보다 더 떨어져서 절대 온도 0 K에 근접한다. 이것은 물이 어는 온도보다 273도나 낮은 온도이다. 프로스트가 이 사실을 알았다면 얼음 대신 어떤 단어를 사용해야 할지 난감했을 것 같다.

여기에서 '우리는 어디로 가는가?'에 대해 우리는 일단 열화와 같은 종말을 맞고, 그 다음에 다시 생명이 태어난다면 그 생명체는 냉혹한 종말을 맞을 것이라고 답할 수 있다.

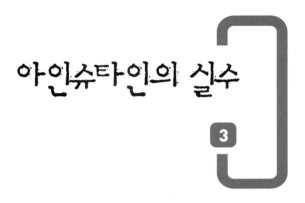

아인슈타인의 실수

3

위대한 사람도 가끔 실수를 해서 보통 사람들에게
위로가 되기도 한다. 아인슈타인도 자기 일생 최대의 실수라고 말한
실수를 저지른 적이 있다. 1905년에 스위스 특허국에서 근무하는 틈
틈이 광전 효과, 브라운 운동, 그리고 특수 상대성 이론의 세 가지
노벨상급 업적을 이루어 뉴턴에 버금가는 과학자로 자리 잡은 아인
슈타인은 1916년에 특수 상대성 이론을 확장해서 일반 상대성 이론
을 발표했다. 그런데 러시아의 수학자인 프리드만Alexander Friedmann
등이 일반 상대성 이론을 우주의 구조에 적용해서 풀어보았더니 우
주가 정적이 아니고 동적이라는 해를 얻었다. 우주는 팽창하거나 수
축하거나 팽창과 수축을 반복할 것이라는 이야기이다.

우주가 정적이라고 믿었던 아인슈타인은 동적인 우주를 피하기 위해서 임의적으로 우주 상수를 자신의 식에 도입했다. 우주가 정적이면 우주의 모든 천체는 만유인력에 의해 한 점으로 붕괴해 버릴 것이다. 그렇다면 우주는 정적이 아닌 것이 된다. 우주 상수는 만유인력에 맞서서 우주의 붕괴를 막아 주는 일종의 척력인 것이다.

그런데 1929년에 허블이 우주의 팽창을 발견하면서 우주 상수가 필요 없어졌다. 아인슈타인은 윌슨 산 천문대를 찾아가 허블을 만나고, 은하가 나타내는 적색 편이를 확인했다. 그리고 자신이 우주 상수를 도입한 것은 자신의 일생 최대의 실수라고 말한 것이다.

역사는 반복하는가! 아인슈타인의 또 하나의 실수가 드러났다. 1998년에 우주의 가속 팽창이 발견되면서 우주 상수의 필요성이 되살아난 것이다. 앞에서 살펴본 대로 허블 법칙은 비교적 가까운 은하의 거리와 적색 편이로부터 얻어진 결론이다. 그런데 Type Ia 초신성이라는 절대 밝기가 일정한 특별한 초신성을 통해 수십 억 광년 거리의 은하를 조사한 결과, 수십 억 년 전 과거, 즉 우주의 나이가 지금의 절반 정도 되었던 시기에는 지금보다 팽창 속도가 느린 것이 확인되었다. 우주의 팽창이 가속된다는 뜻이다.

처음에 우주의 팽창이 발견되면서 우주의 먼 장래에 대해서 몇 가지 가능성이 제기되었다. 그 중 하나는 우주 전체의 질량이 어느 값을 초과한다면 만유인력에 의해 팽창이 느려지고 결국은 한 점으로 붕괴하는 빅 크런치big crunch를 맞을 수 있다는 것이었다. 그리고 빅 크런치는 다음 우주의 빅뱅이 될지도 모른다고 생각했다. 또 다른 가능성은 만일 우주 전체의 질량이 그 임계값에 미치지 못한다면 팽창은 무한히 계속된다는 것이었다.

그런데 우주의 가속 팽창이 발견되면서 빅 크런치의 우려는 사라졌다. 대신 가속 팽창을 일으키는 에너지의 정체에 대한 궁금증이 생겼다. 현재로서는 이 에너지가 우주 전체 에너지의 약 73%를 차지하는 암흑 에너지라고밖에는 말할 수 없다. 암흑 에너지의 정체는 그야말로 암흑에 쌓여 있기 때문이다. 그러면서 실체는 아직 모르더라도 아인슈타인이 도입했다가 철회한 우주 상수가 암흑 에너지가 아니겠느냐는 식의 이야기가 나왔다. 결국 아인슈타인이 우주 상수를 실수로 인정하고 철회한 것이야말로 아인슈타인의 최대 실수가 된 것이다.

'우리는 어디로 가는가?'에 대해 과거에 우리는 빅 크런치를 향해 달려가고 있을지도 모른다고 답할 수 있었다. 그런데 지금 우리는 냉혹한 종말을 향해 한 걸음씩 나아가고 있다고 답해야 한다. 우주의 가속 팽창을 발견한 펄머터, 슈미트, 리스는 2011년에 노벨 물리학상을 수상했다.

『보물섬Treasure Island』, 『지킬 박사와 하이드Dr. Jekyll and Mr. Hyde』 등으로 잘 알려진 스코틀랜드의 소설가 스티븐슨 Robert Stevenson 의 시를 하나 소개한다. 앞의 'Fire and Ice'도 그렇지만, 영시는 운율 rhyme을 찾아 읽으면 더욱 맛이 난다.

When the Sun Comes after Rain

- Stevenson

When the sun comes after rain
And the bird is in the blue,

The girls go down the lane

Two by two.

When the sun comes after shadow

And the singing of the showers,

The girls go up the meadow,

Fair as flowers.

When the eve comes dusky red

And the moon succeeds the sun,

The girls go home to bed

One by one.

And when life draws to its even

And the day of man is past,

They shall all go home to heaven,

Home at last.

비가 온 후에 햇빛이 비치면

－스티븐슨

비가 온 후에 햇빛이 비치고

새들이 푸른 하늘을 날면

여자 애들은 둘씩

오솔길을 따라 내려간다.

어두운 그림자 뒤에

그리고 소나기의 노래 후에 해가 나오면

꽃처럼 예쁜 여자 애들은

초원을 따라 올라간다.

저녁이 붉게 찾아오고

달이 해를 뒤이으면

여자 애들은 하나씩

잠자리를 찾아 집으로 돌아간다.

그리고 생의 저녁이 이르러

인간의 하루가 마감하면

그들은 모두 천국으로

드디어 집으로 돌아간다.

이 시에서처럼 생을 마감할 때 돌아갈 집이 있으면 좋겠지만 고갱의 마지막 질문에 대한 과학적 답은 암울하다. 일단 불로 망하고, 종국적으로는 얼음으로 망한다니 말이다. 그런데 이것은 피치 못할 필연이다. 그 필연을 넘어서서 돌아갈 집을 소망하는 것은 인지상정이기는 해도 역시 과학의 영역은 아니다. 그래서 우주의 진화는 커다란 의문 부호로 남는 모양이다.

우주의 진화

빅뱅

입자의 진화

별의 진화

화학적 진화

생물학적 진화

인류의 진화

|용어 정리|

ATP(adenosine triphosphate, 아데노신 삼인산) — 아데노신에 인산기가 3개 결합한 화합물이다. 인산기는 산 해리해서 음전하를 띠는데 이러한 인산기가 한 분자 내에 3개나 들어 있으면 음전하 사이의 반발 때문에 높은 에너지 상태가 된다. ATP 한 분자가 가수분해를 통해 ADP(adenosine diphosphate, 아데노신 이인산)로 바뀌면서 인산기를 내놓으면 반발이 줄어들어서 ATP보다 안정해지고 이때 많은 에너지를 내놓는다. 그래서 ATP는 모든 생명체의 세포에서 에너지의 화폐 역할을 한다.

DNA(deoxyribonucleic acid) — 리보핵산(RNA)과 함께 생명체가 사용하는 2종류의 핵산 중 하나이다. 디옥시리보오스를 가지고 있는 디옥시리보핵산이다. 세포 내에서 생물의 유전 정보를 보관하는 유전 물질로, 염기에 의해 구분되는 네 종류의 뉴클레오타이드가 중합되어 이중나선 구조를 이룬다.

SETI(Search for Extra-Terrestrial Intelligence) — 외계 지적 생명체를 찾기 위한 일련의 활동을 통칭적으로 부르는 말이다. 외계 행성들로부터 오는 전자기파를 찾거나 전자기파를 보내서 외계 생명체를 찾는 일을 한다.

WMAP(Wilkinson Microwave Anisotropy Probe, 윌킨슨 마이크로파 비등방성 탐사선) — 2001년 6월 30일 우주배경복사의 미세한 차이를 측정하기 위해 발사한 위성이다. RELIKT-1, COBE에 이은 세 번째 우주배경복사 관측 위성이다.

감람석(olivine) ― 암석을 구성하는 주요 조암 광물 중 하나로, 마그네슘과 철을 함유하는 규산염 광물이다. 화학식은 (Mg,Fe)$_2$SiO$_4$이다.

강한 핵력(strong nuclear force) ― 자연의 네 가지 기본적인 힘 가운데 하나로, 강한 상호 작용이라고도 한다. 가장 큰 힘으로 작용하며, 매우 짧은 거리에서만 작용한다.

겉보기 밝기(apparent luminosity) ― 별이 얼마나 빛을 내는가를 뜻하는 절대 밝기와 달리 관찰되는 별의 밝기이다.

공유 결합(covalent bond) ― 두 원자가 각각 전자를 내놓고 이 전자쌍을 공유함으로써 결합을 만드는 화학 결합이다.

광속(speed of light) ― 빛이 진공에서 진행하는 속도로, 진동수에 관계없이 초속 30만 km로 일정하다.

광자(photon) ― 빛 입자이다. 광자 한 개의 에너지는 플랑크 상수(h)에 빛의 진동수(ν)를 곱한 값, 즉 $h\nu$이다.

구상 성단(globular cluster) ― 중력에 의해 구형으로 묶여 있는 별들의 집단이다. 상대적으로 중심 쪽에 별들이 몰려 있다. 구상 성단 내에서는 새로운 별들이 태어나지 않기 때문에 대부분 오래된 별들로 이루어졌다.

구아닌(guanine) ― DNA에서 사이토신과 쌍을 이루는 염기로, 구아노(guano)에서 유래했다.

글라이신(glycine) ― 가장 간단한 아미노산이다. 젤라틴을 가수분해해서 처음 발견되었으며, 동물 단백질에 풍부하다. 화학식은 $HO_2CCH_2NH_2$이다.

남세균(cyanobacteria) ― 엽록소를 이용하여 광합성을 하는 세균류이다. 이전에는 '남조류(blue-green algae)'라고 부르고 진핵생물로 분류했으나, 지금은 원핵생물로 분류한다.

뉴클레오타이드(nucleotide) ― 당, 인산, 염기가 1 : 1 : 1의 비율로 결합되어 있는 화합물로, 핵산의 기본 단위이다.

다운쿼크(down quark) ― 6종류의 쿼크 중 하나로, 두 번째로 가볍다. 업쿼크와 함께 양성자와 중성자를 이루는 소립자이다.

단백질(protein) ― 아미노산들이 일직선으로 결합한 생체 고분자로, 효소 단백질, 운송 단백질, 저장 단백질, 신호 전달 단백질 등이 있다.

대륙 이동설(theory of continental drift) ― 독일의 기상학자인 베게너가 제창한 학설로, 원래 하나의 대륙이었던 판게아가 점차 갈라져 이동하면서 현재와 같은 대륙들이 만들어졌다는 이론이다.

대사(metabolism) ― 한 생명체가 물질과 에너지를 받아들여 살아가고 부산물을 내보내는 과정이다.

도플러 효과(Doppler effect) — 어떤 파동의 파동원과 관찰자의 상대 속도에 따라 진동수와 파장이 바뀌는 현상이다. 예를 들면 자동차가 가까이 다가올 때는 경적 소리가 음이 높아진 것처럼 들리고, 멀어져 갈 때는 음이 낮아진 것처럼 들린다. 파장의 변화를 알면 움직이는 물체의 속도를 알 수 있다.

동화 작용(anabolism) — 생물이 외부로부터 받아들인 저분자 유기물이나 무기물을 이용해서 자신에게 필요한 고분자 화합물을 합성하는 작용이다.

디옥시리보오스(deoxyribose) — 리보오스의 수산기 1개에서 산소가 떨어져나간 5탄당이다. 유전 물질인 디옥시리보핵산(DNA)의 구성 성분이다.

라이소자임(lysozyme) — 라이소좀(lysosome)에서 분비되는 효소로서 세균의 세포벽을 분해하는 작용을 한다. 눈물 같은 포유류의 조직 분비물, 계란 흰자 또는 미생물에서 발견된다.

라이신(lysine) — 필수 아미노산으로 거의 모든 단백질에 들어 있다. 염기성인 아미노기($-NH_2$)를 가지고 있어서 수소 이온을 받아들여 양전하를 띤다.

렙톤(lepton) — 쿼크와 달리 원자핵 바깥에 있는 가벼운 기본 입자이다. 전자와 뉴트리노가 대표적인 렙톤이다. 강한 핵력의 영향을 받지 않는다.

마이크로파(microwave) — 보통 진동수가 1~300 GHz까지이고 파장이 1 mm에서 30 cm까지인 전자기파이다. 휴대전화 등 통신에 많이 사용된다.

마젤란 성운(Magellanic cloud) ― 우리 은하의 위성 은하로, 우리 은하로부터 약 16만 광년 거리에 있는 대마젤란 성운과 20만 광년 거리에 있는 소마젤란 성운이 있다. 마젤란이 세계 일주를 할 때 남반구에서 항해에 사용했다고 해서 마젤란 성운으로 불린다.

메시에 리스트(Messier's list) ― 메시에가 만든 성운의 리스트로, 약 100개의 성운이 포함되어 있다.

목성형 행성(Jovian planet) ― 목성, 토성, 천왕성, 해왕성 등 태양계 바깥쪽의 행성을 말한다. 주성분은 수소와 헬륨으로 거대 행성(gas giant)이라고도 불린다.

몰(mole) ― 원자, 분자, 이온, 광자 등 어떤 입자든지 6.022×10^{23}개 입자의 집단을 말한다. 국제 표준 단위에서 물질의 양의 단위이며, mol 또는 mole로 표시한다.

물질(matter) ― 질량을 갖는 모든 것으로, 물체를 이루며 일정한 공간을 차지한다.

물질파(matter wave) ― 물질 입자도 파동의 성질을 가진다는 의미로, 드브로이파 (de Broglie wave)라고도 한다. 드브로이 관계에 의하면 파장은 입자의 운동량에 반비례한다.

바닥 상태(ground state) ― 원자나 분자가 가장 낮은 에너지를 가진 상태이다.

반감기(half-life) ― 어떤 양이 초기 값의 절반이 되는 데 걸리는 시간으로, 방사성 붕괴에서는 일정량의 방사성 원자핵이 처음 수의 절반이 되는 데 소요되는 시간이다.

반물질(antimatter) — 보통의 입자로 이루어진 물질과 달리 반입자로 이루어진 물질이다.

반입자(antiparticle) — 보통의 입자와 질량, 스핀, 수명은 같고 전하만 반대인 입자이다. 모든 입자에는 그 반입자가 있다. 예를 들면 전자의 반입자인 반전자는 양의 전하를 가져서 양전자라고도 불린다.

방사성 동위원소(radioisotope) — 종류가 같은 원소이지만 질량수가 서로 다른 동위원소 중에서 방사성을 지닌 원소이다. 천연 방사성 동위원소와 인공 방사성 동위원소가 있다.

방출 스펙트럼(emission spectrum) — 원자 내의 전자가 높은 에너지 준위로부터 낮은 에너지 준위로 전이할 때 방출하는 전자기파 스펙트럼이다. 흡수 스펙트럼과 달리 어두운 배경에 특정한 몇 개의 파장에서 빛이 선으로 나타난다.

백색 왜성(white dwarf) — 태양 질량 이하의 질량을 지닌 항성이 더 이상 핵융합을 하지 못하며 식어가는 청백색의 별이다. 중심핵은 탄소 핵융합을 일으킬 만큼 충분한 온도에 도달하지 못한다.

베타 붕괴(beta decay) — 불안정한 원자핵이 전자 또는 양전자를 방출하면서 다른 핵종으로 바뀌는 핵변환이다.

변광성(variable star) — 시간에 따라서 주기적으로 밝기가 변하는 별로, 주기는 별의 질량에 따라 다른데, 1일에서 50일 정도에 달한다.

보통 물질(ordinary matter) — 암흑 물질과 달리 빛과 상호 작용하는 물질이다. 원자와 분자로 이루어진 지구상의 물질, 별과 은하 모두 보통 물질로 이루어졌다.

복제(replication) — 유전 물질인 원본 DNA를 가지고 똑같은 두 개의 DNA를 만드는 과정이다.

불확정성 원리(uncertainty principle) — 위치와 운동량, 시간과 에너지와 같이 서로 짝을 이루는 한 쌍의 물리량을 동시에 정확하게 알 수 없다는 원리이다.

블랙홀(black hole) — 아주 무거운 별의 마지막 단계이다. 아인슈타인의 일반 상대성 이론에 따르면 물질이 극단적인 수축을 일으키면 중력이 매우 커져서 탈출 속도가 광속을 초과하게 된다. 결과적으로 물질은 물론 빛도 블랙홀을 탈출하지 못한다.

빅뱅 우주론(big bang cosmology) — 우주가 137억 년 전에 한 점으로부터 대폭발로 출발해서 계속 팽창하면서 현재에 이르렀다는 우주론이다. 팽창 우주론이라고도 한다.

빈의 법칙(Wien's law) — 흑체는 여러 가지 파장의 빛이 각기 다른 세기로 방출되는데, 세기가 가장 큰 빛의 파장은 절대 온도에 반비례한다는 법칙이다.

사이토신(cytosine) — DNA나 RNA에 존재하는 단일 고리로 이루어진 질소를 함유한 염기로, DNA의 이중나선에서 구아닌과 수소 결합해서 염기쌍을 구성한다.

산개 성단(open cluster) — 동일한 거대 분자 구름에서 생성된 수천 개의 항성이 모인 집단이다. 활동적으로 항성을 생성하는 나선 은하와 불규칙 은하에서만 발견 되었는데, 대부분 생성된 지 몇 억 년이 채 되지 않았다.

상보적(complementary) — '상호 보완적'의 줄임말로, 네 가지의 염기 아데닌(A), 구아닌(G), 사이토신(C), 타이민(T)의 배열이 서로 염기쌍을 형성할 수 있는 배열일 때, 한 쪽 DNA 가닥에 대해 다른 쪽 가닥을 상보적이라고 한다.

생식 세포(reproductive cell) — 생식을 통해서 유전 정보를 다음 세대로 전달하는 세포이다.

생체 고분자(biopolymer) — 생물에 의해 합성되어 생체 내에서 존재하는 고분자 화합물의 총칭으로, 크게 단백질, 핵산, 다당류 등으로 나눈다.

선 스펙트럼(line spectrum) — 분광기나 프리즘을 통해서 볼 때 몇 개의 특정한 파장에서 선을 나타내는 스펙트럼이다.

성운(nebula) — 빛을 내기 때문에 관찰이 가능하지만 별과 달리 구름처럼 보이는 천체이다.

세페이드 변광성(Cepheid variable) — 밝기가 주기적으로 변하는 별로, 세페우스 자리에서 처음 발견되었다고 해서 세페이드 변광성이라고 불린다.

수소 결합(hydrogen bond) — 질소, 산소, 플루오린 등 전기음성도가 큰 원자와 결합해서 전자를 내어 주고 부분 양전하를 가지는 수소가 이웃한 분자의 질소, 산소, 플루오린 원자의 음전하에 끌려 생기는 분자 사이의 인력을 말한다.

슈테판-볼츠만 법칙(Stefan-Boltzmann law) ─ 흑체의 단위 표면적에서 방출되는 모든 파장의 빛에너지의 총합은 흑체의 절대 온도의 4제곱에 비례한다는 법칙이다.

식쌍성(eclipsing variable) ─ 두 개의 별이 상대방의 주위를 도는 궤도면이 매우 가까워서 한 별이 다른 별을 가리면 점점 어두워졌다가 벗어나면 다시 밝아지는 쌍성이다.

아데닌(adenine) ─ DNA에서 타이민과 염기쌍을 이루는 화합물이다. ATP에서 볼 수 있듯이 아데닌의 유도체는 생물의 여러 대사에 관여하고 DNA 및 RNA를 만드는 데도 사용된다.

아레시보 메시지(Arecibo message) ─ SETI 프로젝트의 능동적 외계 지능 찾기의 일환으로 1974년 11월에 아레시보 천문대를 통해 보내진 메시지이다. 목표는 허큘리스 대성단이었다.

아미노산(amino acid) ─ 암모니아에서 수소 원자가 한 개 떨어져 나간 형태의 염기성 작용기인 아미노기와 산성 작용기인 카복실기를 동시에 가진 비교적 간단한 유기 화합물이다.

아보가드로수(Avogadro's number) ─ 1몰에 해당하는 입자(원자, 분자, 이온 등)의 개수를 나타내는 수로, 6.022×10^{23}개에 해당한다.

안드로메다 은하(Andromeda galaxy) — 우리 은하인 은하수에서 가장 가까운, 250만 광년 거리에 있는 우리의 이웃 은하이다.

암흑 물질(dark matter) — 질량을 가지고 있지만 빛과 상호 작용을 하지 않아서 직접 관찰이 불가능한 물질이다. 전파, 적외선, 가시광선, 자외선, X선, 감마선 등 어떠한 전자기파로도 관측되지 않지만, 중력에 의해서 그 존재를 알 수 있다.

암흑 에너지(dark energy) — 질량이 없어서 중력 작용을 나타내지 않고, 따라서 물질은 아닌 에너지이다. 우주 공간에 널리 퍼져 있으며 밀어내는 힘인 척력으로 작용해 우주를 가속 팽창시키는 역할을 한다.

약한 핵력(weak nuclear force) — 소립자 사이에 작용하는 기본적인 힘의 하나로, 강한 핵력이나 전자기력보다 두드러지게 약해서 붙여진 이름이다. 약력 또는 약한 상호 작용이라고도 한다.

양성자(proton) — 전기적으로 (+) 전하를 가져서 양의 성질을 나타내는 입자이다. 모든 원자의 핵에 들어 있으며, 양성자 수가 원소를 결정한다.

양자(quantum) — 어떤 물리량이 연속적인 값을 취하지 않고 어떤 단위의 정수배로 나타나는 불연속적인 값을 취할 경우, 그 단위량을 말한다.

양자역학(quantum mechanics) — 원자, 분자, 전자와 같은 미시 세계의 물리학이다.

양자 요동(quantum fluctuation) — 불확정성 원리로부터 일어나는, 초기 우주의 한 위치에서의 에너지의 일시적 미세한 요동을 말한다. 이것이 확대되어 현재 우주의 구조가 만들어졌다.

양자화(quantization) — 어떤 물리적 양이 연속적으로 변하지 않고 어떤 고정된 값의 정수배만을 가지는 것을 '그 양이 양자화되었다.'라고 한다. 에너지의 양자화와 빛의 양자화가 대표적이다.

업쿼크(up quark) — 소립자의 한 종류로 다운쿼크와 함께 양성자와 중성자를 이루는 핵심 구성 성분이다. 모든 쿼크 중에서 가장 가볍다.

연속 스펙트럼(continuous spectrum) — 어느 파장 범위에 걸쳐 연속적으로 나타나는 스펙트럼이다. 태양이나 텅스텐 전구의 빛은 전형적인 연속 스펙트럼이다.

연주 시차(annual parallax) — 지구에서 가까운 별까지의 거리를 구하는 방법으로, 지구가 태양을 중심으로 공전함에 따라 천체를 바라보았을 때 생기는 시차이다.

열역학 제1법칙(the first law of thermodynamics) — 고립된 계에서 에너지는 일정하다는 법칙이다. 에너지는 다른 형태의 에너지로 전환될 수 있지만, 생성되거나 파괴될 수는 없다.

옥텟 규칙(octet rule) — 분자를 이루는 각각의 원자는 가장 바깥 전자껍질에 8개가 들어갔을 때 가장 안정된 상태라고 하는 화학 이론이다. 원자들은 이 규칙에 따라 가장 바깥 전자껍질에 8개의 전자를 가지도록 반응하는 경향을 나타낸다.

우주배경복사(cosmic background radiation) — 우주 공간의 어느 곳으로부터도 2.7 K에 해당하는 같은 강도로 들어오는 마이크로파 복사이다. 우리가 관측할 수 있는 가장 오래된 빛이라는 점에서 '태초의 빛'이라고 볼 수 있으며, 우주 흑체 복사 또는 3 K 복사라고도 한다.

운동량(momentum) — 물체의 질량과 속도의 곱인 벡터 양이다.

운석(meteorite) — 땅에 떨어진 별똥으로, 유성체가 대기 중에서 완전히 소멸되지 않고 지구상에 떨어진 광물을 통틀어 이르는 말이다.

원시별(protostar) — 성간 물질 내 거대 분자 구름이 수축하여 이루어진 거대한 덩어리이다. 별이 생겨나는 과정에서 초기 단계인 원시별에서는 아직 핵융합이 일어나지는 않지만 온도가 높아서 붉게 보인다.

원자 번호(atomic number) — 원자핵에 들어 있는 양성자 수로, 원자 번호는 각 원소를 지정한다.

원자(atom) — 물질의 구성 단위로, 핵과 이를 둘러싼 전자로 구성되어 있다. 더 나눌 수 없다는 의미에서 a-tom이라고 불리었지만 이제는 tom이라고 불려야 마땅하다.

원자가 전자(valence electron) — 어떤 원자의 가장 바깥 전자껍질에 있는 전자이며, 반응에 참여할 수 있는 가능성을 가진 전자이다. 최외각 전자라고도 한다.

원자핵(atomic nucleus) — 양전하를 띠고 원자의 중심에 위치하고 있는 작고 단단한 입자이다. 양성자와 중성자로 이루어져 있으며 원자 질량의 대부분을 차지한다.

월석(lunar rock) — 달 표면의 암석이다.

월식(lunar eclipse) — 달이 지구의 그림자에 들어오는 현상으로, 태양, 지구, 달이 일직선상에 있어 달이 지구의 본 그림자 안에 들어가 달의 일부 또는 전부가 가려진다.

위치 에너지(potential energy) — 물체가 그 위치에서 잠재적으로 지니는 에너지를 말한다. 위치 에너지는 상대적인 양이기 때문에 실제로 물리적 의미를 갖는 것은 위치 에너지 간의 차이이며, 기준점을 정해서 사용한다.

유기 발광 다이오드(organic light-emitting diode, OLED) — 빛을 내는 층이 유기 화합물로 되어 있는 소재로, 전류를 통하면 스스로 빛을 낼 수 있어 전력 소모가 적다.

유전(heredity) — 한 생명체의 형질을 대물림하는 과정을 말한다.

유전 물질(genetic material) — 유전을 일으키는 물질로, 대부분 생명체의 유전 물질은 DNA이지만, 독감 바이러스 등 RNA를 유전 물질로 사용하는 경우도 있다.

유전자(gene) — 유전의 단위로, DNA 염기 서열의 한 부분에 해당한다.

유전체(genome) — 한 개체의 DNA에 들어 있는 염기 서열의 총체이다.

은하군(galaxy group) — 은하가 수십 개 모여 있는 집단을 말한다.

은하단(galaxy cluster) — 은하군이 여러 개 모인 수백 내지 수천 개 은하의 집단을 말한다.

이명법(binominal nomenclature) — 린네가 창안한 학명 명명법으로, 생물의 속명과 종소명을 나란히 쓰고, 그 다음에 그 학명을 처음 지은 사람의 이름(성)을 붙이는 방법이다.

이중 결합(double bond) — 분자 내 원자 간의 화학 결합에서 원자 사이에 두 개의 공유 결합이 이루어지는 결합이다.

이화 작용(catabolism) — 생물이 체내에서 고분자 유기물을 좀 더 간단한 저분자 유기물이나 무기물로 분해하는 과정이다.

인플레이션(Inflation) — 플랑크 시간(10^{-43}초) 직후에 우주의 크기가 거의 한 점으로부터 급격히 증가한 과정이다.

일반 상대성 이론(general theory of relativity) — 중력 질량과 관성 질량이 동등하다는 원리를 바탕으로 하는 아인슈타인의 이론으로, 중력장에서 공간이 휜다는 것이 주요 결론이다.

입자 가속기(particle accelerator) — 전자나 양성자, 이온 같은 전하 입자를 강력한 전기장이나 자기장 속에서 가속시켜 큰 운동 에너지를 발생시키는 장치이다. 원자핵이나 소립자와 같이 작은 입자의 미세 구조를 밝히는 데 사용된다.

적색 편이(red shift) — 파장이 길어져 별의 스펙트럼 선이 원래의 파장에서 적색 쪽으로 치우쳐 나타나는 현상이다.

적색 거성(red giant star) — 주계열성의 다음 단계로 크고 온도가 낮아 붉게 보이는 별로, 지름이 태양의 수십 배에서 수천 배에 달한다.

전기음성도(electronegativity) — 공유 결합을 한 원자가 공유한 전자를 끌어당겨서 전기적으로 음성이 되려는 정도이다.

전자껍질(electron shell) — 원자핵을 중심으로 전자들이 이루는 여러 층의 껍질로, 전자들의 에너지 상태를 간단히 구별하기 위해서 편의상 사용되는 개념이다.

전자(electron) — 렙톤의 일종으로 (−) 전하를 가진 기본 입자이다. 원자에서는 원자핵 바깥쪽에 위치하면서 화학 결합, 물질의 성질 등을 결정한다.

절대 밝기(absolute luminosity) — 별이 내는 빛의 양에 따른 실제 밝기이다.

정상 우주론(steady state cosmology) — 우주가 시작도 끝도 없이 영원히 존재하며 그 안에서 새로운 물질을 꾸준히 만들어 내고 일정 부분 팽창한다는 가설이다. 빅뱅 우주론에 반대되는 이론으로서 우주배경복사의 관측과 함께 사장되었다.

주계열성(main sequence star) — 수소를 헬륨으로 융합하면서 에너지를 안정적으로 내는 별이다. 크기와 질량이 중간 정도인 대부분의 항성의 일생에서 가장 긴 시간을 차지하는 진화 단계이다.

중성 원자(neutral atom) — 전자 수와 양성자 수가 같아 전체적으로 전하가 0인 원자이다.

중성미자(neutrino) — 렙톤의 일종인 기본 입자로, 약한 핵력의 영향을 받으며 질량이 아주 작고 전기적으로 중성이다.

중성자(neutron) — 원자핵을 구성하는 입자 중 전하를 띠지 않고 양성자보다 약간 무거운 입자이다. 한 개의 업쿼크와 두 개의 다운쿼크로 이루어져 있다.

중수소(deuterium) — 양성자 1개와 중성자 1개로 이루어진 수소의 동위원소로, 삼중 수소와 구별하기 위해 이중 수소라고 부르기도 한다.

지구형 행성(terrestrial planet) — 지구와 평균 밀도, 질량, 크기 등이 비슷한 수성, 금성, 화성, 지구를 통틀어 부르는 말이다.

찬드라세카르 한계(Chandrasekhar limit) — 백색 왜성의 최대 질량으로 태양 질량의 1.4배 정도이다. 이보다 무거워지면 별은 중력으로 붕괴해서 온도가 올라가며 탄소 융합이 일어난다. 이 한계는 인도의 물리학자인 찬드라세카르가 처음 계산했다.

청색 편이(blue shift) — 빛을 내는 천체가 관찰자에게 접근할 때 파장이 짧은 청색으로 이동하는 효과이다. 안드로메다 은하는 우리 은하에 접근하기 때문에 청색 편이를 나타낸다.

체세포(somatic cell) ─ 생식 세포를 제외한 동식물을 구성하는 모든 세포를 말한다.

초신성(supernova) ─ 항성 진화의 마지막 단계에서 엄청난 에너지를 순간적으로 방출하면서 폭발하는 별이다. 밝기가 평소의 수억 배에 이르렀다가 서서히 낮아진다. 무거운 별의 일생에서 갑작스런 죽음의 단계에 해당한다. 보통 신성이라고 하는 새로 생긴 별에 비해 훨씬 더 밝기 때문에 초신성이라고 한다.

초은하단(supercluster) ─ 은하단이 여러 개 모인 집단을 말한다.

카복실기(carboxyl group) ─ 탄소, 산소, 수소로 이루어진 작용기의 하나로, −COOH 로 표시한다. 카복실기는 아미노산이나 카복실산에서 산성을 나타낸다.

쿼크(quark) ─ 현재까지 알려진 물질의 최종적인 구성 입자로, 렙톤인 전자와 함께 원자를 만든다.

타이탄(Titan) ─ 토성의 가장 큰 위성으로, 1655년에 네덜란드의 하위헌스가 발견했다. 지름은 5,150킬로미터로 지구의 반 정도이다. 지구와 같이 질소가 대기의 주성분을 이루며, 메테인 가스가 일부 포함되어 지구와 가장 닮은 천체이다.

탄소 동화 작용(carbon dioxide assimilation) ─ 녹색 식물이나 어떤 세균류가 이산화탄소와 물로 탄수화물을 만드는 작용이다.

타이민(thymine) ─ DNA의 이중나선에서 아데닌과 염기쌍을 이루는 염기성 화합물이다.

파동-입자 이중성(wave-particle duality) ─ 빛과 같은 파동은 입자의 성질을 동시에 가지고, 물질 입자는 파동의 성질을 동시에 가지는 자연의 기본 원리이다.

판 구조론(plate tectonics) ─ 지구 표면을 약 10개의 부분으로 나누어 각각의 판이 변형 내지는 서로 수평 운동을 하고 있다는 생각에 바탕을 둔 이론이다. 지진이나 화산 활동 등의 지질 현상을 이들 판과 판의 상호 작용으로 설명한다.

페르미(fermi) ─ 길이 단위로 10^{-15}미터와 같다. 10^{-15}을 나타내는 접두어 펨토(femto, f)를 붙여 나타내면 1페르미=1 fm이다. 이 단위는 원자핵에 관련된 길이를 나타내는 데 사용하며, 이탈리아 출신 미국 물리학자 페르미의 이름에서 따온 것이다.

플라즈마(plasma) ─ 높은 온도에서 원자로부터 전자가 떨어져 나가 핵과 전자가 뒤섞여 있는 물질의 상태이다. 물질의 세 가지 상태인 고체, 액체, 기체와 더불어 '제4의 물질 상태'로 불린다. 중성 원자가 만들어지기 전 초기 우주나 별의 내부는 모두 플라즈마이다. 우주의 보통 물질의 대부분은 플라즈마 상태인 것이다.

플랑크 상수(Planck's constant) ─ 1900년 플랑크가 흑체 복사 스펙트럼을 설명하기 위해 도입한 상수로 h로 표시한다. 만유인력 상수, 전자의 전하, 전자의 질량, 양성자의 질량, 아보가드로수 등과 함께 자연의 기본적인 상수이다.

플랑크 시간(Planck time) — 빅뱅 우주를 과학적으로 다룰 수 있는 가장 짧은 시간으로 10^{-43}초에 해당한다.

플랑크 길이(Planck length) — 플랑크 시간 동안 빛이 진행하는 거리이다.

필수 아미노산(essential amino acid) — 단백질의 구성 단위인 아미노산 중에서 체내에서 합성할 수 없기 때문에 음식으로 섭취해야 하는 아미노산이다.

항성(fixed star) — 천구 상에서 서로의 위치를 바꾸지 않고 상대적으로 항상 같은 위치에 있는 것처럼 보이는 별이다. 태양과 같이 핵융합에 의해 스스로 에너지를 낸다.

핵반응(nuclear reaction) — 원자핵이 다른 원소의 원자핵으로 변환되는 과정이다. 불안정한 원자핵이 스스로 붕괴하면서 일어나는 핵반응도 있고, 충돌에 의한 핵반응도 있다. 핵분열과 핵융합도 핵반응의 일종이다.

핵합성(nucleosynthesis) — 핵융합을 통해 새로운 원자핵을 만들어 내는 과정이다. 빅뱅 우주에서 수소로부터 헬륨이 만들어지는 핵합성과 별에서 무거운 원소들이 만들어지는 핵합성으로 나눌 수 있다.

핼리 혜성(Halley's comet) — 약 75~76년을 주기로 해서 지구에 접근하는 단주기 혜성이다. 지상에서 맨눈으로 관측 가능한 유일한 단주기 혜성으로 뉴턴의 동료인 핼리가 발견했다. 태양 근처에 접근하면서 급격히 밝아져 쉽게 관측된다.

행성(planet) ― 태양 주위를 일정한 궤도에 따라 공전하고 있는 천체 중 비교적 큰 것으로, 스스로 빛을 내는 것이 아니라 햇빛을 반사해서 밝게 보인다. 지구, 수성, 금성, 화성, 목성, 토성, 천왕성, 해왕성이 있다. 항성들을 배경으로 왔다 갔다 하는 것으로 보이기 때문에 방랑자라는 뜻의 행성으로 불린다.

행성상 성운(planetary nebula) ― 적색 거성의 마지막 단계에서 별이 팽창하면서 바깥쪽이 부풀어 올라 고리 모양을 이룬 천체이다. 중심에서 방출된 자외선에 의해 바깥쪽의 기체가 이온화되고 빛을 낸다. 천왕성을 발견한 허셜이 처음 발견했는데, 천왕성과 비슷하게 보여서 행성상 성운으로 불리게 되었다.

허블 법칙(Hubble's law) ― 1929년에 미국의 천문학자 허블이 발견한 법칙이다. 외부 은하의 스펙트럼에서 나타나는 적색 편이가 그 은하의 거리에 비례한다는 법칙으로, 멀리 떨어진 은하일수록 우리에게서 빨리 멀어져 간다는 것을 의미한다. 이로부터 우주의 팽창이 알려졌다.

허블 상수(Hubble's constant) ― 은하의 후퇴 속도와 거리의 관계를 나타내는 비례 상수로, 허블 상수의 역수가 우주의 나이가 된다.

헤르츠스프룽-러셀 도표(Hertzsprung-Russell diagram, H-R 도표) ― 천문학에서 절대 등급, 광도, 항성 분류, 그리고 표면 온도의 관계를 나타낸 도표로, H-R도라고도 한다. 항성의 분류, 내부 구조나 진화 과정을 조사하는 데 사용된다.

회절(diffraction) ― 파동이 장애물을 만나거나 좁은 틈을 통과할 때 나타나는 다양한 현상이다. 입자는 좁은 틈을 통과할 때 직진하지만 파동은 회절에 의해 입자라면 도달할 수 없는 뒤편까지 전달된다. 물결파가 규칙적으로 배열된 장애물을 만나면 새로운 파를 만들고 이들이 간섭을 일으켜서 회절 패턴을 나타낸다.

흑체 복사(black body radiation) — 흑체는 자신에게 입사되는 모든 전자기파를 100% 흡수하는, 반사율이 0인 가상의 물체이다. 특정한 온도에서 흑체가 전자기 파를 내보내는 것을 흑체 복사라고 한다. 흑체 복사는 온도에 따라 특정한 스펙트 럼을 나타낸다.

흡수 스펙트럼(absorption spectrum) — 햇빛 같은 백색광이 어떤 물질을 통과할 때 특정한 파장 영역이 흡수되어 어두운 선이나 띠로 보이는 스펙트럼이다.

|찾아보기|

|사진 출처|

102쪽 | NASA

108쪽 | http://www.telefonica.net/web2/efellorca/Arecibo.jpg

145쪽 | NASA/ESA/HEIC and The Hubble Heritage Team (STScI/AURA)

168쪽 | 게티이미지코리아

192쪽 | NASA

218쪽 | Shutterstock

|참고 문헌|

『Miller와 함께하는 기초 화학』, 김희준 지음, 자유아카데미, 2012.

『거의 모든 것의 역사』, 빌 브라이슨 지음, 이덕환 옮김, 까치, 2003.

『과학으로 수학보기 수학으로 과학보기』, 김희준, 김홍종 지음, 궁리, 2005.

『과학의 변경 지대』, 마이클 셔머 지음, 김희봉 옮김, 사이언스북스, 2005.

『노벨상과 함께하는 지구환경의 이해』, 김경렬 지음, 자유아카데미, 2008.

『노자와 21세기』 1, 2, 3권, 김용옥 지음, 통나무, 2000.

『다윈 지능』, 최재천 지음, 사이언스북스, 2012.

『리비트의 별』, 조지 존슨 지음, 김희준 옮김, 궁리, 2011.

『모든 사람을 위한 빅뱅 우주론 강의』, 이석영 지음, 사이언스북스, 2009.

『별과 인간의 일생』, 이시우 지음, 신구문화사, 1993.

『생명의 화학, 삶의 화학』, 김희준, 김병문, 김성근, 신석민 지음, 자유아카데미, 2009.

『우주의 기원 빅뱅』, 사이먼 싱 지음, 곽영직 옮김, 영림카디널, 2008.

『위대한 설계』, 스티븐 호킹 지음, 전대호 옮김, 까치, 2010.

『이중나선』, 제임스 왓슨 지음, 하두봉 옮김, 전파과학사, 1973.

『인간과 우주』, 박창범 지음, 가람기획, 1995.

『자연과학의 세계』, 1, 2권, 김희준 지음, 궁리, 2003.

『조지 가모브』, 조지 가모브 지음, 김동광 옮김, 사이언스북스, 2000.

『지구의 이해』, 최덕근 지음, 서울대학교출판부, 2011.

『창백한 푸른 점』, 칼 세이건 지음, 현정준 옮김, 사이언스북스, 2001.

『최초의 3분』, 스티븐 와인버그 지음, 신상진 옮김, 양문, 2005.

『코스모스』, 칼 세이건 지음, 홍승수 옮김, 사이언스북스, 2006.

『쿼크에서 코스모스까지』, 레온 M. 레더만 지음, 이호연 옮김, 범양사, 1991.

『현실, 그 가슴 뛰는 마법』, 리처드 도킨스 지음, 김명남 옮김, 김영사, 2012.

『E=mc²』, 데이비드 보더니스 지음, 김민희 옮김, 생각의 나무, 2005.

For the Love of Enzymes: The Odyssey of a Biochemist, Kornberg, Arthur, Harvard University Press, 1991.

Four Laws That Drive the Universe, Atkins, Peter, Oxford University Preess, 2007.

Red Giants and White Dwarfs, Robert Jastrow, W.W. Norton, 1990.

Seven Ideas That Shook the Universe, Spielberg, Nathan, Anderson, Bryon D., John Wiley & Sons Inc, 2008.

Strange Beauty: Murray Gell-Mann and the Revolution in Twentieth-Century Physics, George Johnson, Vintage Books, 2000.

The Discovery of Subatomic Particles, Steven Weinberg, Freeman, 2003.

The Five Biggest Ideas in Science, Charles M. Wynn, Arthur W. Wiggins, Barnes & Noble Books, 2003.

The God Particle: If the Universe Is the Answer, What Is the Question?, Leon Lederman, Delta, 1994.

The Origin of Life on the Earth, Stanley L. Miller, Leslie E. Orgel, Prentice-Hall, 1974.

The Secret Life of Quanta, M.Y. Han, Tab Books, 1992.